BIG DATA

빅데이터로 보는 반려동물산업과 미래

최경선

박영story

추천의 글

사람을 구분할 때 간혹 이분법을 사용한다. 일례로 "세상에는 두 부류의 사람이 있다." 반려동물을 기르는 사람과 안 기르는 사람! 호불호로 구분하는 것은 어떤가? 반려동물을 좋아하는 사람, 안 좋아하는 사람. 좀 더 세밀하게 구별도 해 보았다. 반려동물을 길렀거나 기르거나 앞으로 기를지도 모르는 부류와, 반려동물을 기른 적도 없고, 기르지도 않고, 앞으로도 절대 기를 것 같지 않은 사람. 추천사 의뢰를 받았을 때 과연 글을 쓸 자격이 있는지 생각해 보면서 내가 어디에 속하는지 생각해 보았다. 다행스럽게도 나는 언젠가 반려견을 기를지도 모르는 부류에 속할 것 같다. 반려견에 대하여 긍정적인 생각을 가진 사람이라고 궁색하게 자위하며 어줍게 추천사를 쓴다.

내게 뇌리에 강하게 박힌 반려견의 첫 번째 이미지는 애니메이션 '플랜더스의 개'에 나오는 '파트라슈'의 이미지였다. 또 다른 반려견의 이미지는 캘리포니아 소노마 밸리의 '캔우드(KENWOOD)' 와이너리와 관련된다. 이곳의 플래그십 와인은 정면을 노려보는 개의 얼굴이 음각된 것으로 유명한 '잭 런던(Jack London)'이다. 소설가 잭 런던은 40세의 젊은 나이에 요절했지만, 13세부터 거친 노동자의 삶을 살면서 그 경험을 여러 걸작으로 남겼다. 그의 대표작 중 하나가 '야성의 부름(Call of the Wild)'이다. 소설의 주인공은 사람이 아니고 벅(Buck)이라 불리던 커다란 개이다. 판사의 대저택에서 유복하게 자랐던 반려견 '벅'은 어느 날 노름빚에 몰린 정원사의 배신으로 캐나다의 금광촌의 썰매 개로 팔린다. 착하고 어진 '벅'은 고된 삶을 견디며 살아가지만 점차 야성이 강화된다. 소설의 말미에서 '벅'은 야생 개떼의 리더로 성장하여 결국 인간세계를 등진다. 이기심에 젖은 인간들의 핍박, 추위와 굶주림의 역경을 헤쳐 나가는 '벅'의 능동적 처절함이 스토리 전체에 배어 있다. 한편 '플랜더스의 개'에서는 차가운 성당 바닥에서 탈진한 '네로'와 같이 죽음을 맞이하는 '파트라슈'의 수동적 처절함에 가슴이 에리다.

"빨리 가려면 혼자 가면 되지만, 멀리 가려면 같이 가라"는 말이 있다. 여럿이 같이 멀리 잘 가는 일을 고상한 용어로 '지속가능성(sustainability)'이라 한다. 지속가능하려면 상호 간의 약속과 규율, 시스템이 필요하다. 주인에게 충직한 개를 굶어 죽도록 놔두는 사회 시스템, 몰래 팔려가는 개를 되찾을 수도 없는 관리 시스템은 인간에게도 정의롭지 못하다. 그러하니 반려동물 관리 시스템의 성숙 수준은 결국 인간을 위한 시스템의 성숙도를 반영한다. 개가 굶지 않도록 하고, 잃은 개를 금방 찾을 수 있는 사회는 인간복지가 잘 성숙된 사회에서나 가능하다. 반려동물을 대하는 감성이 인간 성숙도의 시금석 중 하나이고, 반려동물 생태계에 관심을 가져야 하는 이유가 바로 이 때문이다.

저자와 나는 같은 대학원 동문으로 처음 만났다. 익숙하지 않은 반려동물 산업 분야에 대한 그의 열정 어린 이야기를 듣고 흥미가 유발되어 시간 가는지 모르고 이야기를 나누었다. 집 방향이 다름에도 대화를 이어가기 위해서 길을 돌아 분당까지 나를 데려다 줄 정도로 저자는 올바른 반려동물 산업을 적극적으로 알리고 싶었던 것 같다. 그런 그에게서 반려산업에 대한 진정성 있는 관심을 보았다. 당시에 나는 반려동물 산업의 성장 가능성을 강조하며 최 박사에게 강하게 창업을 권고했었다. 저자는 자신이 관리하는 50만 가입자의 '강사모' 네트워크를 기반으로 창업을 했다. 그동안 궁핍한 생활을 오래 했다고 들었지만, 그 와중에 책도 내고 대학강의도 하면서 네트워크도 넓혔다고 한다. 또한 지도교수가 바뀌는 어려움 속에서도 마침내 박사 학위도 취득했다. 아울러 반려동물과 관련된 경영정보학 도메인을 개척한 학문적 성취를 이루었다.

IT 전문가로 성장해 온 저자는 책에서 반려동물 산업과 빅데이터 IT 기술활용을 통하여 반려동물 산업생태계의 현재와 미래모델을 제시한다. 그리고 비즈니스, IT 관점은 물론 교육과 문화사업에 대한 사회의 관심을 호소한다. 나는 IT업계에서 한 세대가 넘도록 일해 왔으니, IT분야에 대해서는 나름 통찰을 가지고 있기는 하겠지만, 반려동물 산업은 아직은 생소하다. 이 책의 초안을 읽으면서 덕분에 내가 모르던 많은 반려산업 지식을 얻었다. 이 책은 반려동물을 기르려고 하거나, 기르는 일반인의 시야를 더욱 넓혀 줄 것이다. 또한 반려동물 전문가는 물론, 반려동물 산업에 관심을 가진 타 도메인의 전문가에게도 좋은 지침서가 될 것이다.

서로 다른 도메인 사이의 공간은 익숙하지 않다. 그러나 그곳에서 화학반응이 일어나듯 새로운 생각과 지식이 창출된다. 다가오는 동물이 개인지 늑대인지 구분이 안 되는 어슴푸레한 새벽녘, 초저녁 시간의 공간을 혹자는 '박명의 공간(twilight zone)'이라 부른다. 환경이 달라서 두렵지만 신기하고 이상한 '박명의 공간'에서 인간은 가장 많은 학습을 한다. 인간 세계와 동물의 세계 경계에 반려동물이 있다. 새로운 통찰을 학습을 하고자 하는 사람들에게 도전할 만한 좋은 박명의 공간이 될 것이다. 한편 인간 세계와 인공지능 세계의 경계에 반려로봇이 있다. 반려동물뿐만이 아니라 미래에는 '반려로봇'도 포괄하는 반려산업 생태계 연구를 선도해 나갈 최 박사의 모습도 상상해 본다.

이정규 / ZDNET 칼럼니스트, 국민대 겸임교수
경영정보학 박사, 미국회계사, 정보처리기술사

개정판 머리말

이 책을 내고 2년이라는 시간이 지났다. 사람들의 인식과 생각은 여전히 변하지 않는 것처럼 느껴졌지만 뒤돌아 걸어 온 길을 돌아볼 때 너무나 많은 것이 변해 있음을 알게 되었다. 과거 우리의 기억 속에 반려동물이라는 단어는 무척 생소한 단어였다. 그러나 현재는 많은 사람들이 무척이나 친숙하고 편안한 의미로 받아들이고 있다.

누군가 나에게 말했다. 왜 책을 내느냐고, 이 책을 누가 보겠냐고. 부정적인 시각에서 던진 그들의 질문에 나는 이렇게 답변했다. 세상은 돈을 성공의 지표로 삼지만 나는 돈이 아닌 신념을 성공의 지표로 삼고 있다고 말이다.

이 책은 이론으로만 쓴 책이 아니다. 하루에도 수십 건의 미팅을 거치면서 수많은 사람을 만난 경험과 열정으로 쓴 책이다. 좋아하는 일은 늘 미치지 않고서는 한 줄의 글로도 표현할 수 없다고 스스로 되뇌어 왔다.

단언컨대, 이 책이 세상을 바꿀 수는 없겠지만 세상을 바꿀 수 있는 독자는 만날 수 있을 것이다. 이 책의 내용을 이해하고 받아들일 수 있는 독자라면 적어도 반려동물에 대한 올바른 가치와 생각을 누군가에게 전달해 줄 수 있지 않을까? 그리고 유기동물 10만 시대에 반려동물에 대한 생명존중의 의미를 나눠 줄 수 있지는 않을까 생각한다. 책에서 말하고자 했던 반려동물 문화적인 시각을 한 번 생각해 보았으면 한다.

지난 날 반려동물을 사랑한 죄로 너무나 괴로웠던 나날을 보냈다. 그래서 세상이 바뀌고 인식이 바뀌는 그날을 그토록 기다리는지도 모른다. 반려인들이 생명의 가치를 깨달아 유기동물을 만들지 않는 미래를 그려 본다. 행복하기 위해 오늘도 글을 쓴다.

나는 너무나 부족한 사람이다. 나의 부족함을 알기에 항상 남들이 쉽게 하는 것도 몇 번이고 다시 보고 또 확인하고 검증하려고 한다. 나를 못 믿어서가 아니라 반려동물이라는 존재가 나에게 정말 소중하기 때문이다. 그래서 이 세상의 어떠한 일보다 정성스럽게 읽고 수정하며 반복하여 비로소 오늘 마지막 퇴고를 한다.

이 책이 아름다운 기업을 만들려는 기업인들에게 소중한 보탬이 되기를 바란다. 또한, 이 책이 그들에게 도움이 될 수 있다면 언제든지 나는 혼신의 힘을 다해 그들을 도울 것이다. 그것이 이 책이 나에게 주는 소명이 아닐까 생각해 본다.

2019.9.

최경선

머리말

어린 시절, 내게 꼬리 흔들며 다가오던 발바리 강아지들이 지금도 기억난다. 당시에는 반려동물이 그저 가축에 지나지 않았다. 아마도 동물과 교감을 나눈다는 개념이 제대로 서지 않은 때이기에 가축으로 대했던 것 같다. 현재 반려동물 산업은 빠른 속도로 성장하고 있다. 그러나 이러한 흐름 가운데 정작 가장 중요한 '교육'은 빠져 있다. 교육이 부재한 상태로 변화의 급물살에 떠밀려 온 반려동물 산업은 많은 사회문제를 야기하며 반려동물을 아프게 하고 있다. 반려동물과 관련된 일이라면 유독 마음이 쓰였던 나는 청년 시절부터 축견협회, 애견협회, 애견연맹 등에서 여는 박람회와 다양한 행사를 오가며 반려동물 산업의 모습들을 지켜보았다. 직접 펫샵을 운영하기도 하였는데 이때 현장에서 여러 실무를 접해 볼 수 있었다. 그리고 작년 한 해, 전국 각지에서 활발히 활동하는 반려동물 산업 현장의 CEO들을 만났다. 하루에 3-4건의 미팅을 소화하여 한 해 동안 300여 명의 많은 인원을 만날 수 있었는데, 이들을 만나면서 나는 한 가지를 절실하게 느꼈다.

반려동물 산업 현장에는 소비자의 소리가 없다. 소비자와 소통하지 않기 때문에 소비자의 니즈가 정확히 반영되지 않은 채로 제품이나 서비스가 개발되고, 그 때문에 소비자는 그러한 제품과 서비스에 공감할 수 없다. 안타깝게도 대한민국의 반려동물 산업에서는 소비자의 인상에 남을 만큼 인사이트를 주고 있는 기업이 없다. 브랜드로 기억되는 제품이나 서비스가 없는 것이다. 반려동물 산업이 급성장하여 제품이 많이 생산되고 판매 수익이 오르긴 했지만 소비자의 공감을 얻는 제품과 서비스는 찾기 힘들다. 반려동물 산업은 매우 빠르게 변화하기 때문에 사업이 성공적으로 자리 잡기 위해서는 비즈니스에 대한 전략을 세우고 실행하며 검증하는 과정에서 소비자의 의견을 늘 경청하고 소비자의 니즈를 체계적으로 적용해 나가는 절차가 꼭 필요하다.

이 책은 반려동물 산업 현장의 CEO들과 만나 필자가 느꼈던 생각과 함께, 반려인 커뮤니티인 다음 카페 '강아지를 사랑하는 모임'을 비롯하여 다양한 채널과 연계된 회원 50만 명을 대상으로 실시했던 설문조사의 결과를 분석한 빅데이터를 토대로 쓰였다. 이를 통해 반려동물 산업에 대하여 더욱 고민하고, 그간 반려동물 산업이 놓치고 있던 소비자의 소리에 귀를 기울임으로써 많은 이들이 비즈니스를 진행하는 데에 시행착오를 줄이고 사업의 성과를 보다 더 빠르게 올릴 수 있도록 하였다.

이 책을 통해 반려동물 산업의 많은 종사자들과 창업, 미래를 꿈꾸는 사람들이 실전에서 현실감 있게 활용하여 경쟁력을 키울 수 있기를 바란다. 이 책이 앞으로도 반려동물 산업 현장에 도움이 될 수 있도록 독자 여러분의 많은 조언과 충고를 부탁드린다. 끝으로 본서를 출판해 주신 도서출판 박영사의 모든 담당자분들께 진심으로 감사의 말씀을 전한다. 또 언제나 같은 자리에서 늘 한결같이 미소와 사랑을 주는, 사랑하는 아내 김선정 여사와 사랑하는 아들 하준이에게 좋은 아빠가 되겠다는 약속을 하며 이 책을 바친다.

2017. 10

강사모 대표 최 경 선

차 례

01 반려동물 산업의 트렌드 _ 1

반려동물 산업 동향 … 3

반려동물 산업의 현재 상황 … 7

반려동물 산업 규모의 변화와 사회적 문제 … 8

반려동물 산업의 변화는 있지만 올바른 반려동물 문화는 없다 … 11

02 반려동물 산업의 IT 인프라 수준 그리고 투자대비수익률(ROI) 극대화 방안 _ 15

반려동물 산업의 IT 인프라 수준 … 17

반려동물 산업의 투자대비수익률(ROI) 극대화 방안 … 19

고객과 소통하기 위한 SMCS(Social Member Communication Service) 커뮤니케이션 … 20

마케팅 성공을 위한 마스터플랜, SMIM(Social Media Influencer Marketing) … 21

03 반려동물 문화에 대한 분석 _ 25

반려동물 문화가 빠진 박람회 … 27
반려동물 문화의 중심에 소비자의 소리가 없다 … 29
빅데이터로 보는 박람회에 대한 소비자 의견 … 30
반려동물 문화에 대한 커뮤니케이션 … 40

04 반려동물 문화의 발전을 위한 교육 서비스 플랫폼 설계 _ 43

반려인 교육 서비스 플랫폼 배경 … 45
반려인 교육 서비스 플랫폼 목적 … 46
반려인 교육 서비스 플랫폼 개발 … 48
반려인 교육 서비스 플랫폼 구축안 도출 … 49
반려인 교육 서비스 플랫폼의 도전성과 혁신성 … 50
반려인 교육 서비스 플랫폼 실현 … 51
반려인 교육 서비스 미래 전망 … 52

05 반려동물 산업 소비자 트렌드 빅데이터 분석 _ 55

반려동물 산업 빅데이터 분석 — 사료 부문 … 58
반려동물 산업 빅데이터 분석 — 동물병원 부문 … 68
반려동물 산업 빅데이터 분석 — 유기동물 보호소 부문 … 76
반려동물 산업 빅데이터 분석 — 소비자 구매패턴 부문 … 106
반려동물 산업 빅데이터 분석 — 반려견 수제간식 부문 … 108

06 반려동물 산업의 소비자 소통을 위한 애플리케이션 설계(4차 산업혁명) _ 117

소비자 소통을 위한 애플리케이션 트렌드 분석 … 120
반려동물 시장의 애플리케이션 분야별 순위 … 121
지역 정모를 통한 회원들의 데이터베이스 연계 … 122
전국 지역 회원 데이터베이스를 통한 소비자와의 소통 … 123
커뮤니티 애플리케이션을 통한 주변 회원들과의 연결 … 124
소비자와의 소통을 위한 애플리케이션 설계 … 125

07 반려동물 산업의 도약을 위한 반려동물 통합 비즈니스 플랫폼 프로젝트 _ 133

반려동물 O2O 비즈니스 통합 플랫폼 프로젝트 … 135
반려동물 O2O 비즈니스 커뮤니티 플랫폼 프로젝트 … 141
반려동물 통합 비즈니스 플랫폼 미래 전망 … 150

08 반려동물 산업의 커뮤니케이션 원칙(성공을 위한 커뮤니케이션 7가지) _ 153

성공적인 커뮤니케이션을 위한 마스터 플랜(Master Plan) … 155
1. 반려동물 산업 소비자 커뮤니케이션 원칙 … 156
2. 구조적 사고의 원칙 … 156
3. 두괄식 표현의 원칙 … 157
4. 미래 지향성의 원칙 … 158
5. 대안 제시를 통한 건의형의 원칙 … 159
6. 적극성의 원칙 … 160
7. 조심성의 원칙: 의견의 제시 방법 … 161

09 반려동물 문화에서 빅데이터 분석을 말하다 _ 163

반려동물 빅데이터 분석은 무엇인가? … 165
반려동물 빅데이터 분석을 통해 부분이 아니라 전체를 바라볼 수 있어야 한다 … 166
반려동물 빅데이터의 중요성과 활용사례 … 167

10 반려동물 이슈 _ 171

개통령 뜻은 무엇일까? … 173
2018 반려견 빅데이터는 무엇을 말하고 있나? … 178
빅데이터로 보는 반려인 교육, 무엇이 문제일까? … 181
미래를 이끄는 머신러닝 기반의 반려견 사료 추천 시스템은 어떤 모습일까? … 186

11 빅데이터로 보는 노령견과 펫로스 _ 191

노령견 현황 … 193
노령견을 행복하게 키우는 꿀팁 7가지 … 195
빅데이터로 보는 펫로스 … 198

에필로그 _ 201
반려인과의 소통채널(빅데이터 자료 출처) _ 205

01

반려동물 산업의 트렌드

Companion Animal : Industry and Future

01

반려동물 산업의 트렌드

이 장에서는 반려동물 산업 동향과 현재의 상황을 살펴보고자 한다. 반려동물 산업은 급성장했다. 하지만, 그에 따른 교육이 적절하게 이루어지지 않으면서 최근 반려동물 산업에 문제가 많이 발생하고 있다. 우리는 이러한 변화에 발맞춰 앞에 놓인 문제들을 어떻게 분석하고 해결해 나가야 하는지 함께 고민하고 생각할 수 있어야 한다. 동향은 매일 변하고 있다. 하지만 오랜 시간 동향을 살피고 이에 대해 고민하면 '동향을 보는 눈'이 생기는데, 이것이 특정한 때에 현명하게 판단하고 결정할 수 있는 중요한 열쇠가 된다. 항상 문제를 제기하면서도 아무런 해결책을 내지 못하는 우리에게 꼭 필요하다.

이 책에서 우리는 반려동물 산업과 문화가 어떻게 변화하여 왔는지를 살펴보며 우리 앞에 놓인 문제들을 함께 고민해 볼 것이다. 이로써 머지않아 다음세대인 아이들에게 반려동물 문화를 올바르게 전달할 수 있기를 소망해 본다.

반려동물 산업 동향

현재 대한민국에서 두각을 나타내는 산업 분야를 꼽으라면 단연 IT 분야일 것이다. IT 강국답게, IT 관련 기술이 무수히 등장하고 있다. 이러한 동향과 함께 최근 급부상한 산업이 있다. 바로 반려동물 산업이다. 많은 사람들이 반려동물 산업의 동향을 파악하고자 관심을 기울이고 있다. 하지만 실상은 폐쇄적인 산업구조 때문에 ALL-Life Cycle 기준의 전체 통합 솔루션이 부재한 실정이다. 반려동물 산업은 오랜 시간 반려동물을 키우는 사람들과 함께 성장해 왔다. 그러나 반려동물 산업을 문화의 관점으로 바라보는 시각과 반려동물에 대한 생명존중의 메시지가 없었던 탓에 결국 제대로 된 교육이 부재한 채로 성장하게 되었다. 반려동물 산업이 올바르게 성장하기 위해서는 급성장하는 동향에 맞추어 교육 프로그램이 뒷받침되어야 함은 물론 다음세대의 아이들이 공감할 수 있는 문화가 조성되어야 한다. 그러나 기업들은 이윤 창출에만 매달려 반려동물 문화를 조성하는 데에는 어떠한 기여도 하지 않았고, 소비자는 항상 지출하는 비용 대비 문화에 대한 혜택을 부여받지 못했다. 반려동물 산업을 바라볼 때 가장 유의해야 할 점은 부분을 보는 것이 아니라 전체를 봐야 한다는 사실이다.

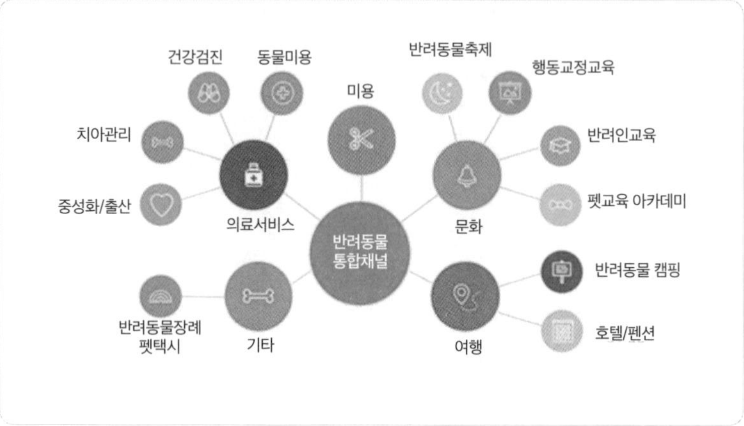

그림 1.1 2017 기준 반려동물 산업 전체 구조도

반려동물 산업이 발전하기 위해서는 반려동물 소비자의 소리가 적극 반영되어야 한다. 하지만 반려동물 산업 전반에 소비자의 소리가 반영되지 않고, 소비자의 동향이 명확하게 표현되지 않아 소비자를 속고 속이는 판매가 이루어지고 있다. 과거 PC에서 활발하던 교류가 모바일로 옮겨 가면서 시대의 흐름이 변화하고 있다. 이에 맞추어 관련 기술들이 많이 등장하고 있다. 하지만 이 같은 제품과 서비스들이 줄줄이 실패하는 이유는 반려동물을 키워 본 경험에 기반을 두지 않기 때문이다. 반려동물과의 교감은 매우 중요하다. 반려동물을 잘 키우기 위해서는 반려동물과 오랜 시간을 함께 보내며 희노애락을 경험해야 한다. 대개 나무는 쉽게 볼 수 있어도 숲의 관점에서 전체를 보기란 쉽지 않다. 이처럼 숲을 보지 못한 채로 특정 부분만 파악하여 쉽게 접근했다가 비즈니스를 실패하는 경우가 많다.

반려동물 산업에 IT 기술을 적용한 애플리케이션이나 모바일 홈페이지 등 다양한 프로그램을 활용한 제품과 서비스들이 많이 출시되고 있다. 그뿐만 아니라 연예인 마케팅을 이용하는 등 투자도 아끼지 않는다. 그러나 사실상 연예인 마케팅은 투자 대비 그다지 효과를 보지 못한다. 그 이유는 반려동물 소비자의 공감을 얻지 못하기 때문이다. 예컨대 또 다른 마케팅 수단인 스토리텔링은 반려동물 소비자의 공감을 얻는다. 사람과 제품 사이에 반려동물이 중간 매개체 역할을 하기 때문이다. 이와 반대로 반려동물을 오랜 시간 키워 본 경험이 없는 사람들은 이러한 스토리텔링을 이해하는 데 어려움이 따른다. 그리고 반려동물을 오래 키운 사람들과 소통하기도 어렵다. 이것은 마치 어떠한 주제로 대화를 할 때 경험이 없으면 간략하게 말하거나 짐작 정도는 할 수 있어도 대화를 깊이 있게 이어가기는 힘든 것과 같다.

구분	2012년	2015년	2016년	2020년
국내시장규모 (단위:원)	9,000억	1조 8,000억	2조 3,000억	5조 8,000억

표 1.1 반려동물 관련 시장 규모 - 농협 경제 연구소

최근 농협경제연구소가 조사한 반려동물 시장의 추이를 살펴보면 2012년 9,000억 원, 2015년 1조 8,000억 원, 2016년 2조 3,000억 원으로 매년 그 규모가 성장하고 있다는 사실을 알 수 있다. 농협경제연구소는 2020년에 이르러 시장 규모가 5조 8,000억 원까지 확대될 전망이라고 밝혔다. 현재로서는 매년 성장세를 보이고 있으나 반려동물 산업은 반려동물을 키우는 소비자들과 소통하기 위하여 교육에 대한 부재를 해결하는 것이 시급하다. 반려동물 산업이 급성장하면서 관련 기술 역시 쏟아져 나오는 데 반해 폐쇄적인 산업 구조의 영향으로 현재 반려동물 산업에는 급성장을 뒷받침할 ALL-Life Cycle 기준의 통합 교육 솔루션이 없다. 교육이 부재하여 반려동물 문화를 올바르게 이해하지 못한 탓에 사회 전반적으로 산업의 성장과 더불어 동물 유기와 안락사 등의 문제도 급증했다.

그림 1.2 **반려동물 문화의 변화**

이를 해결하기 위해서는 먼저 반려동물 문화에 대한 교육이 시급히 마련되어야 하며, 사회 소외 계층 및 도움이 필요한 곳과 연계하여 유기동물의 재사회화를 돕는 공감대 형성 프로젝트도 추진되어야 한다.

그뿐만 아니라 반려동물을 키우는 반려인이 충분히 교육받지 못하여 반려동물의 특성과 이슈를 이해하는 데도 어려움이 따른다. 그러므로 반려동물 소비자에게 도움이 될 수 있는 교육프로그램 콘텐츠가 다양하게 제작되어야 한다. 반려인들의 실제 경험을 바탕으로 한 연구와 과제 등을 참고하여 개선이 가능하나 반려동물을 키우는 소비자들 대부분이 올바른 반려동물 문화를 고민하지 않아 현재까지도 교육 콘텐츠 제작이 제대로 진행되지는 않는다.

반려동물 산업이 직면한 이 같은 문제들을 놓고 해결 방안이 무엇인지 숱하게 고민했다. 그리고 지금도 고민한다. 그러나, 이 문제를 해결할 수 있는 방안은 결국 교육 서비스 플랫폼에 있다고 나는 생각한다. 교육이 없기에 다음세대 아이들이 반려동물을 인지하는 수준 또한 가축에 지나지 않는다. 따라서 교육을 통해 반려동물에 대한 생명존중과 정확한 이해가 시급하다.

반려동물 산업의 현재 상황

우리는 지금 반려동물 1,000만 시대에 살고 있다. 이로써 반려동물 등록제를 시행하고 온라인 사업자상에서 반려동물 인식표를 생산하여 판매하고 있지만 반려동물 문화를 향한 인식은 그다지 개선되지 않았다. 해당 시행을 다루는 내용은 있다 하더라도 담당자나 관리감독을 하는 사람이 없어 정작 반려동물을 키우는 반려인들은 전혀 공감하지 못한다. 정부의 관리감독과 시행에 사후 대책이 논의되어야 하나 현재 대한민국은 해당 문제를 정확하게 검토하지 못할 뿐더러 대응 역시 적절하게 하지 못하는 상황에 놓였다. 이는 다음의 두 가지 이유 때문이다.

첫째, 반려동물에 대한 이해와 시민의식이 부족하다. 그 때문에 반려동물 산업에서 인식표를 생산하여 판매하는 비즈니스가 많이 생겨나고 있지만 이러한 생산과 판매 시스템이 표준화되지 않아 불편을 느낀 소비자들 사이에서 민원이 다수 발생하고 있다.

둘째, 반려동물 산업을 관리감독하는 시스템이 부재하여 소비자의 불편을 해소하고 민원 문제를 해결하기가 쉽지 않다. 반려동물 1,000만 시대인 만큼 많은 반려인들이 공감할 만한 행정처리를 진행해야 하지

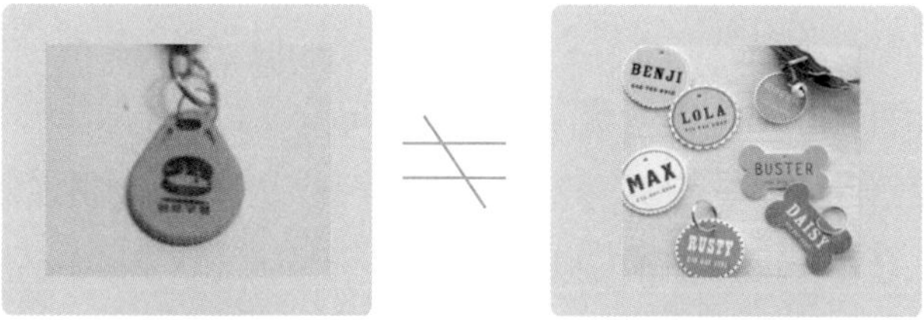

반려동물 인식표
시, 군 구청에 등록

무분별한 인식표 판매

그림 1.3 기준과 표준이 제시되지 않는 반려동물 인식표

만 현실은 이 문제를 직접 해결하지 못하는 상황에 놓여 있다.

반려동물 문화의 시작은 반려동물 인식표에서 시작된다고 해도 과언이 아니다. 그런데 우리는 그 시작부터 잘못되었다. 반려동물 산업의 현주소는 이처럼 반려동물 문화를 논할 수 있는 수준이 아니다. 기본이 되는 반려동물 인식표조차 표준화하지 못하는 문제점은 반려동물 산업의 현주소를 여실히 나타낸다. 해당 기관이나 단체들이 각자 소리를 내기에만 바쁘며, 소비자 또한 지식이 부족하여 판단을 명확하게 내리지 못하기 때문에 반려동물 산업에 교육이 빠져 있는 것이다. 교육을 통해 해당 내용을 제대로 인지하지 않으면 큰 혼란과 어려움이 뒤따른다.

지금으로서는 다음세대 아이들에게 보여 줄 수 있는 콘텐츠나 체계가 없다. 반려동물 산업은 분명 급성장했지만 반려동물 문화나 교육은 성장하지 않았다. 사람들의 인식이 바뀌기 위해서는 교육이 시급하다.

반려동물 산업 규모의 변화와 사회적 문제

1990년대부터 현재에 이르기까지 사회적으로 반려동물 산업에는 많은 변화가 있었다. 2016년, SBS 동물농장에서 방영한 '강아지공장' 영상은 많은 사람들을 충격 속에 몰아넣었다. 사실 강아지공장이 논란을 일으키기 전까지는 국민 모두가 '반려동물'이라는 표현에 공감한다고는 느끼지 못했다. 가축을 물건처럼 사고파는 문화를 만들며 반려동물의 생명을 무시한 결과 강아지공장이라는 결과물을 낳게 되었다. 반려동물 산업의 매출은 2012년에 9천억 원에 이르렀으며, 2015년에는 1조 8천억 원을 돌파했다. 그야말로 급성장한 것이다. 하지만 사람에 대한 교육과 제도가 뒷받침되지 않아 발생하는 문제에 대응하는 데에는 모두 국민의 세금으로 감당해야 하는 사회 문제가 발생했다.

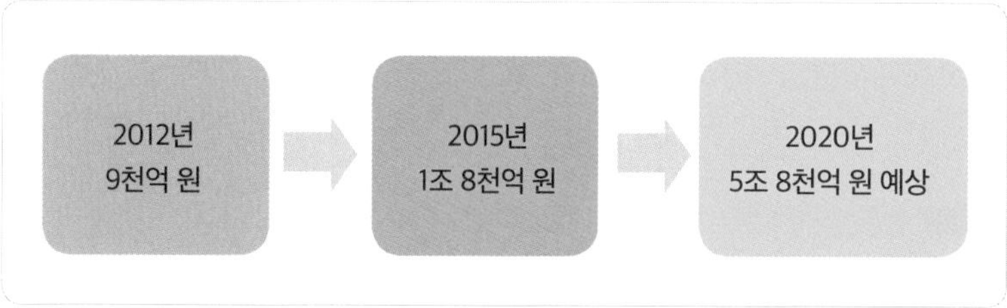

그림 1.4 **반려동물 산업 규모의 변화** 출처: 농협 경제 연구소

반려동물 산업의 규모는 향후 2020년을 기준으로 5조 8천억 원에 이를 것으로 예상된다. 이는 한국 사회에 저출산 및 고령화 현상이 지속되는 데다 이제는 핵가족을 넘어 1~2인 가구가 증가하면서 삶에 외로움을 느끼는 인구 역시 증가하여 반려동물을 기르는 사람들이 늘어나고 있는 것으로 보인다. 반려동물이라는 표현은 2016년을 기준으로 가족 개념으로서 널리 퍼지게 되었다. 대한민국은 개를 식용으로 섭취하는 문화 가운데 애완동물을 가축으로 여기던 시대를 거쳐 왔다. 그러나 점차 사람들이 반려동물과 삶을 함께하고자 가정에서 기르면서 반려동물에게서 감정을 느끼고 이들과 교감하게 되었다. 하지만 문제는, 사람들이 제대로 된 인식 없이 아무런 준비도 하지 않은 채 물건을 구매하듯 반려동물을 입양한다는 것이다. 이 때문에 현재 사회 문제가 많이 발생하고 있다.

현재 유기동물에 들어가는 사회 간접비용이 증가하고 있는데도 이 문제를 해결하기 위한 방안은 여전히 부족하다. 사람들 대부분 유기동물 문제가 해결되어야 한다고는 생각하지만 이 문제에 대해 작게 나마 실천해 보려는 경우는 드물기 때문에 우리 사회 한 부분에서 여전히 안타까운 일이 비일비재하게 일어나고 있다. 실제로 2012년도에는 유기동물을 처리하는 데에 100억 원에 이르는 비용이 들어갔다. 다음은 2012년도 유기동물 처리비용을 조사한 농협경제연구소의 자료이다.

2012년 유기동물 처리비용	분양	안락사	자연사	소유자 인도	기타
100억 원	28.1%	24.6%	22.8%	10.1%	14.4%

표 1.2 2012년도 유기동물 처리비용

2017년까지 반려동물 산업은 매년 두 자릿수 이상의 폭발적인 성장률을 기록하고 있다. 이와 함께 1년 동안 버려지는 유기동물의 수도 급격하게 증가하여 8~10만 사이에 육박하고 있다. 앞서 보았듯이 2012년도에는 사회 간접비용으로 유기동물 처리에 100억 원이 지출되었는데 분양(28.1%), 안락사(24.6%), 자연사(22.8%), 소유자 인도(10.1%) 등에 각각 지출되었으며 간접비용이 크게 발생한 것 이외에도 질병전파, 자연생태계 파괴 등 사회경제적 문제가 다수 발생하였다.

농림축산부가 2017년 2월에 발표한 자료에 따르면, 반려동물 보유가구가 2015년 기준 21.8%에 달했는데, 이는 3년 전인 2012년 17.9%보다 3.9% 높은 수치였다. 반려인 1,000만 명 시대인 현재, 반려동물을 사육하는 가구는 457만 가구에 이른다. 이는 평균 다섯 집 가운데 한 집은 반려동물을 키우고 있다는 사실을 의미한다. 농림축산식품부는 2017년 반려동물 관련 전담조직인 '동물복지팀(가칭)'을 신설했으며 2016년까지 2명(계조직)의 인원으로 운영했던 동물 복지 담당 인원도 5명으로 재편성했다. 농림축산식품부는 기존 동물복지계 4명(동물보호상담센터 2명 포함)이 반려동물 보호 위주로 운영되어 상대적으로 반려동물 관련 산업의 육성, 농장·실험동물 정책에는 다소 소홀했으나 동물복지 팀이 신설(7명)됨에 따라 관련 산업을 육성하고 농장·실험동물을 보호할 수 있는 복지 수준을 제고할 토대가 마련되었다고 밝혔다. 이는 ① 생산 판매 수입업, ② 사료 용품업(의류, 장난감), ③ 서비스업(병원, 보험, 미용, 장례, 호텔, 카페, 운송 등)을 포함하고 있다. 이러한 개선 사항을 살펴보면 반

기 존	변 경
총 4명 • 계조직 2명(5급 1, 6급 1) • 동물보호상담센터 2명	총 7명 • 팀조직 5명(4.5급 1, 5급 2, 6급 2) • 동물보호상담센터 2명

표 1.3 동물복지 담당조직 개선

려동물 산업의 변화에 맞추어 반려동물 관련 복지를 제공할 수 있는 인력이 증가된 것을 알 수가 있다.

이처럼 중앙정부와 각 지방자치단체에서도 동물복지 전담조직을 구성하는 분위기로, 점차 반려동물 산업과 문화에 관심이 높아지고 있다. 사람들의 가치와 생각은 변화하고 있다. 이제 대한민국에서 일어나는 변화의 중심에 국민들의 소리가 있다는 것을 정부도 인지하기 시작했으며 사회 전반에 걸쳐 많은 변화가 시작되고 있다.

2016년 당시 동물복지 담당조직 구성원이 2명으로 인지되었던 이유는 실제 반려동물과 관련한 정책 대부분을 기존 계조직 2명이 모두 감당해야 했기 때문이다. 이 때문에 소통이 원활하게 이루어지지 않는 문제점이 있었다. 사실상 대한민국 전역에 걸쳐 일어나는 동물복지 문제를 해결하는 데에는 팀조직 인원이 5명이어도 많은 위험과 문제점이 뒤따를 것이다.

반려동물 산업의 변화는 있지만 올바른 반려동물 문화는 없다

반려동물 시장은 이제 블루오션이 되었다. 작년 한 해 동안 반려동물 산업에 종사하는 사람들과 인터뷰를 진행한 결과 다양한 산업군에

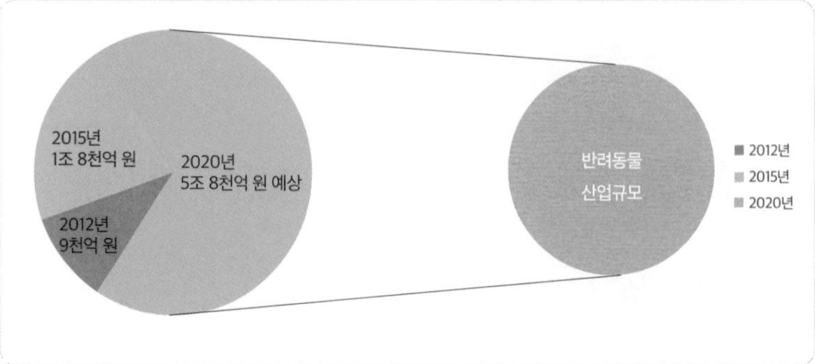

그림 1.5 **반려동물 산업 규모의 변화**

출처: 농협 경제 연구소

있는 사람들이 반려동물 산업에서 새롭게 도전할 기회와 시장 가능성을 엿보아 창업에 대하여 마음을 열어 두고 있다는 사실을 알 수 있었다. 이는 달리 말하여 반려동물 산업이 올바르게 성장하기 위한 생각과 고민이 더욱 많이 필요한 시대에 접어들었다는 뜻이기도 했다.

1990년대 강아지, 고양이를 가축으로 여겨 사고팔았던 시대에는 정해진 가격이 없이 판매자와의 흥정에 따라 판매가 이루어졌다. 나 또한 1995년 애견센터에서 실장을 지내고 2009년에 엣지애견센터를 창업하면서 유통, 경매, 인터넷 애견 분양 등 반려동물 산업 전반의 일을 경험했다. 이때 강아지를 입양하러 온 손님에게 보호자로서 알아야 할 사항들을 교육하기는커녕 이윤을 남기기에 급급하여 꾀어내기에 바쁜 영업 방식과 마주했고 깊은 회의에 빠졌다. 그러나 현재도 마찬가지로 사람들이 반려동물의 생명을 존중하고 반려동물을 잘 키울수 있도록 지식수준 향상에 노력을 기울이기보다 장난감을 판매하듯 물건처럼 사고파는 모습을 흔히 볼 수 있다.

이러한 사례는 반려동물 산업의 급성장이 낳은 폐해를 가장 단적으로 보여준다. 하지만 최근 들어 변화가 일어나고 있다. 반려동물 산업에 종사하는 사람들 사이에서 애완동물을 기르려는 사람들에게 입양에 대한 올바른 지식을 전달하려는 움직임이 늘어나고 있는 것이다. 또한 장삿속을 내세운 판매보다는 반려동물 문화를 꿈꾸는 사람들이 나날이 늘어나고 있다.

02

반려동물 산업의 IT 인프라 수준 그리고 투자대비수익률(ROI) 극대화 방안

Companion Animal : Industry and Future

02

반려동물 산업의 IT 인프라 수준 그리고 투자대비수익률(ROI) 극대화 방안

이 장에서는 반려동물 산업의 IT 인프라 수준에 대한 생각을 정리해 보았다. 또한 변화하는 환경에서 투자대비수익률(ROI)을 극대화할 수 있는 방법은 무엇인지 살펴보고자 한다.

반려동물 산업이 폐쇄적으로 운영되고 사람들의 신뢰를 잃어버린 이유는 반려동물 산업 전체가 체계화되거나 조직화되지 않은 상태로 운영되었기 때문이다. 반려동물 관련 사업장의 환경은 기업 환경이라기보다 상인과 손님이 서로 정을 주고받는 재래시장의 환경에 더 가깝다. 왜일까? 우리 사용하는 상품과 서비스 대부분은 정형화되어 있다. 하지만 반려동물은 정형화되거나 표준이 정해져 있지 않다. 감정을 느끼고, 또 주고받는 생명체이다. 이러한 생명체를 사이에 두고 반려동물 산업 종사자와 고객은 감성을 함께 공유한다. 온라인상에서 아무리 홍보를 많이 하고 정보를 전달한다 하더라도 실제로 한 번 만나 분양자와 입양자가 서로 교감하는 것과 비교하면 그 차이가 매우 크다. 경험이 중요하다. 반려동물 산업에서는 중간 매개체로 반려동물을 사이에 두고 반려동물 산업 종사자와 고객이 삶의 경험을 나눈다. 이것이 반려동물 산업이 다른 산업과 구별되는 부분이다.

성공하는 기업들은 항상 R&D에 엄청난 비용과 노력을 쏟아붓는다. 그리하여 소비자의 목소리가 반영된 미래상을 그려 나가고 이를 통해 오늘도 산업을 성장시키고 있다. 반려동물 산업에서 가장 필요한 것은 소비자와 소통하는 R&D를 어떻게 구성할 것인가에 대한 전략이다. 전략이 있어야 성공할 수 있다. 이 장에서, 반려동물 산업의 성공전략으로 공감을 바탕에 둔 산업 문화를 어떻게 만들어 갈 수 있을지 함께 고민해 보았으면 한다.

반려동물 산업의 IT 인프라 수준

2017년 기준 반려동물 산업별 소비자의 만족도 수준을 분석한 결과 동물병원, 애완용품 시장에서 그 수치가 현저하게 낮았다. 또한 반려동물 산업에 맞추어 IT 인프라 수준을 측정해 본 결과 반려동물 산업 전반적으로 체계화되거나 조직화된 IT 인프라 수준을 찾아보기에는 다소 무리가 있다.

현재 반려동물 산업이 계속해 고속 성장을 하고 있는 가운데 장례, 가맹점, 마케팅, 캐릭터, 등록증, 폐쇄몰 회원제, 교육 등의 분야는 아직까지 자리를 잡지 않아 성장 수준이 낮다. 이 분야들은 틈새시장으로, 여전히 반려동물 산업에는 비즈니스 모델을 어떻게 만들어 가느냐에 따라 많은 수익을 낼 수 있는 창업의 기회가 열려 있다.

구분/수준	반려산업의 수준			IT 인프라 수준			ROI 예상			반려동물 산업 성장 수준		
	상	중	하	상	중	하	상	중	하	상	중	하
펫샵												
카페												
미용												
동물병원												
애완용품												
훈련소												
장례												
택시												
유치원												
가맹점												
마케팅												
캐릭터(팬시)												
등록증												
페쇄몰 회원제												
교육												

표 2.1 **반려동물 산업 성장 수준(IT 인프라 측면)** 출처: 다음강사모 연합 반려동물 채널 50만 회원의 빅데이터 분석

반려동물 산업 성장 수준은 애완용품 분야가 가장 높게 나타났으며 그 외에도 동물병원, 펫샵 미용에 이르기까지 산업 전반적으로 성장 추세를 보였다. 최근 애견카페들도 성장하고는 있으나 아직 전국 각 지역마다 개설되어 있는 애견카페는 반려동물 문화의 메시지를 담기보다는 단순한 방식으로 영업을 진행하다 보니 고객들의 니즈를 정확히 반영하지 못해 많은 어려움을 낳고 있는 실정이다. 애견카페는 또한 다른 분야와 마찬가지로 IT 인프라 수준이 낮아 현업에 종사하는 사람들의 교육과 이해가 필요한 상황이다.

반려동물 산업의 투자대비수익률(ROI) 극대화 방안

다음은 포털 사이트 다음에 개설된 반려인 모임 강사모에서 연구한 투자대비수익률(ROI) 창출 방안이다.

구분	수익 구조	차별화	ROI
공동구매 Mall	유통 마진	강사모 회원(전국), 계열사 운영	회원 N에 대한 수익 매월 발생
프리미엄 Mall	자체 생산 마진	강사모 회원(전국), 계열사 운영	회원 N에 대한 수익 매월 발생
교육서비스	교육 수강료 시험비, 인증서 발급	강사모 회원(전국)	신규 회원 및 기존 회원에 대한 사이버 매출 매월 발생
가맹점 및 프랜차이즈	가맹비	회원 DB 확보에 따른 기업의 참여(차별화)	영업을 통한 신규 가맹점 수익 매월 발생
스타트업 컨설팅 및 홍보	컨설팅 및 마케팅 마진	회원 DB 확보에 따른 기업의 참여(차별화)	상시
Vertical Market R&D	마케팅 마진	전국 Big Mouse Member 결성	매월 행사를 통해 회원들과의 Relationship으로 수익 상시 발생
언론사 운영	마케팅 마진	전국 Big Mouse Member 결성	매월 행사를 통해 회원들과의 Relationship으로 수익 상시 발생

표 2.2 **반려동물 산업 ROI(Return of Investment) 극대화 방안**

2016년 한 해 동안 300명이 넘는 CEO들과 만나 대화를 나눴다. 반려동물 산업의 관점으로 이들과 대화를 나누면서 반려동물 산업에 적용할 만한 카테고리를 살펴보았다. 공동구매 Mall에 대한 유통마진 구조를 디자인했을 때, 전국 회원을 계열사 형태로 운영하여 지역장을 구성하면 회원 N에 비례한 수익이 매월 발생하게 된다. 프리미엄 Mall 구성은 자체 생산 마진으로 수익 구조를 만들게 된다. 이 또한 마찬가지로 수익은 항상 회원 N에 비례하여 매월 발생하는 구조이다.

반려동물 산업에서 창조적인 일을 하려면 반려동물 산업을 분석하고 자신만의 비즈니스 모델을 어떻게 만들 것인지에 대한 고민이 필요하다. 그런 점에서 나는 오랜 시간 고민하고, 또 현업에서 듣고 느낀 것을 글로 정리해 보았다. 결국 선례가 없는 분야는 개척을 해야 한다. 이때 개척은 단순히 부분 하나만을 보고 전체를 이야기하는 것이 아니라 자신이 속하고자 하는 분야 전체를 살펴보아 마스터플랜(Master Plan)을 세울 수 있어야 함을 의미한다.

고객과 소통하기 위한
SMCS(Social Member Communication Service) 커뮤니케이션

반려동물 산업에서 가장 중요한 핵심은 고객이다. 우리는 고객들과 수시로 소통하면서 자신이 원하는 메시지를 표현할 수 있어야 한다. SMCS(Social Member Communication Service)는 빅마우스(Big Mouse) 채널로 소비자와 소통하면서 그들의 공감을 이끌어 내는 서비스를 의미한다.

사람들은 서로를 알아가는 데에 많은 시간이 필요하다. 역사라는 것이 하루아침에 이루어지지 않듯이 반려동물 산업에서도 마찬가지로 그러한 노력이 필요하다. 이에 빅마우스 채널은 저마다 반려동물을 오래 키우며 경험한 이야기와 느낌을 전달하고 서로 소통할 수 있는 창구가 된다. 사람들과 커뮤니케이션을 어떻게 할 것인가는 투자대비수익률(ROI)을 내는 데에 매우 중요한 요소이다.

그림 2.1 SMCS(Social Member Communication Service) 커뮤니케이션

마케팅 성공을 위한 마스터플랜, SMIM(Social Media Influencer Marketing)

반려동물 산업에서 실행할 마케팅 방식으로 SMIM(Social Media Influencer Marketing)을 제안한다. 현재 포털 사이트의 카페는 다양한 마케팅 방식으로 운영되고 있다. 이러한 인터넷 카페에서는 다양한 프로모션을 통해 소비자들이 서로 소통하며 정보를 교류하게 된다. 프로모션을 진행하면 체험단이나 각 개인이 블로그, 카페, SNS 등에 제품 정보를 공유하여 프로모션 내용이 많은 사람에게 빠르게 전파된다. 홍보하고자 하는 일을 빠르게, 그리고 널리 알리는 데에 인터넷 카페만큼 유동적으로 사용할 수 있는 도구(Tool)는 없다. 대개 프로모션을 진행하면 여기에서 그치지 않고 내용을 통합하여 자신이 운영하는 블로그 채널(Blog Intergration)에 이를 올린 후 검증을 위하여 언론 홍보(News Channel)를 진

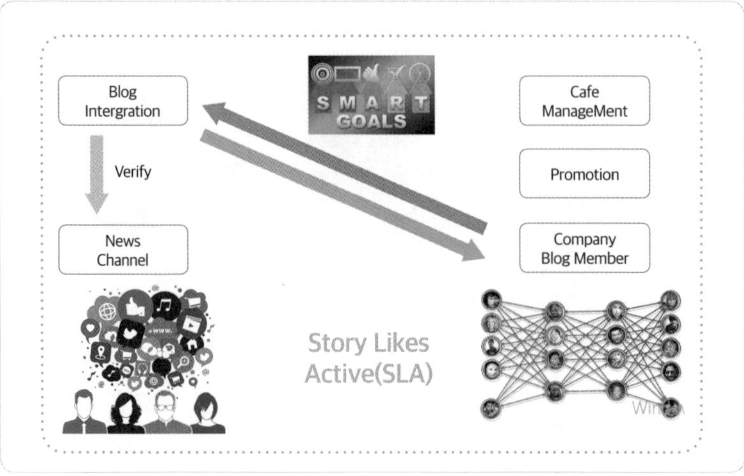

그림 2.2 SMCS(Social Member Communication Services) 마케팅 프로세스

행한다. 이후, 이와 관련한 내용을 다시 카페, 블로그, SNS로 연관된 멤버들에게 전달하는데, 이러한 방식으로 사업자는 소셜상에서 존재감을 드러내며 스토리를 활성화한다. 이때 SLA(Story Likes Active)에 따라 스토리가 활성화될 수 있는데 SLA는 데이터를 수신한 사람들이 '좋아요'를 누름으로써 본인의 친구들에게 전파되는 속도에 대한 개념이다.

SLA를 사용하여 운영할 때 유의해야 할 점이 있다. 예를 들어 핸드폰은 물건으로서 과학 기술에 맞추어 변화하므로 표준화되고 정형화되어 이해하기가 쉽다. 하지만 반려동물은 정형화되어 있지 않으며 표준을 말하기에도 애매하다. 무엇보다 반려동물은 감정을 느끼는 동물이다. 이러한 반려동물의 특성이 소비자의 감성과 직결된다. 그렇기 때문에 온라인상에서 아무리 존재감을 드러낸다 하더라도 반려동물을 키우는 사람들에게 공감을 전혀 얻지 못할 수도 있다. 따라서 반려동물 산업에 관한 한 온라인 활동 후에는 오프라인 만남이 최소 한 번은 이루어져야 소셜(Social)에서 SLA로 활성화되어 있던 부분이 시너지를 받을 수 있다. 아무리 인터넷 채널을 통해 홍보를 엄청나게 진행한다 하더라도 오프라인 모임을 거치기 전에는 그 모든 것을 비활성화된 '대기 상태'라고 여겨야 한다. 물건이라면 활성화되어 체계적으로 진행되겠지만 우리가 다루고 고민하는 이 산업의 가장 중심에는 반려동물이라는 생명이 존재하기에 우리는 반려동물에 대하여 이해를 정확하게 해야 한다.

온라인상에서 사회적 존재감을 만들고 오프라인에서 고객들과 체계적으로 소통할 때 비로소 온/오프라인 매출 모두를 향상시키는 효과를 얻을 수 있다.

03

반려동물 문화에 대한 분석

Companion Animal : Industry and Future

03

반려동물 문화에 대한 분석

반려동물 문화는 변화하고 있다. 그 중심에는 박람회가 있다. 그러나 이러한 박람회에 교육과 문화를 다루는 콘텐츠가 있어야 함에도 반려동물 산업의 급성장에 대비한 문화적 표현은 아무것도 이루어지지 않고 있다. 이제는 소비자들이 정보의 변화에 따라 의견을 내세우고 함께 개선해 나가는 시대가 되고 있다. 박람회라는 공간을 통해 소비자들이 표출하는 감정과 의견을 경청하면서, 왜 그들이 그렇게 느끼고 이야기하는지를, 또 어떤 것을 고민하고 공감하는지를 생각해 보아야 한다. 커뮤니케이션은 일방적일 수 없다. 상대방과 의견을 주고받으면서 비언어적 표현과 언어적 표현이 함께 이루어진다. 이러한 소통의 일환으로 그동안 여러 기관에서 설문조사를 실시했지만 여전히 반려동물 문화 측면에서 소통을 하기에는 한계가 있었다. 반려동물 문화에 쉽게 접근하기 위해서는 반려동물 문화의 중심에 있는 박람회의 소리를 경청해야 한다. 머지않아 반려동물 문화에 대한 인식이 높은 사회에서 다음 세대인 아이들이 반려동물과 함께 교감을 나누고 공존하는 미래가 다가오기를 바란다.

소비자 소리에 귀 기울이기 위해 작게라도 먼저 실천하고자 한다면, 그 속도는 더디더라도 분명 훗날에는 사회 인식이 크게 전환될 것이다. 모두가 소통할 때 변화는 시작된다.

반려동물 문화가 빠진 박람회

반려동물 문화의 중심에는 박람회가 있다. 지난 수년 동안 반려동물 산업이 급성장했으나 아직도 반려동물 문화에 대한 고려나 개선은 이루어지지 않고 있다.

2016년, 반려동물을 향한 비상식적인 행동이 난무했던 강아지 공장 사건은 전 국민을 큰 충격에 빠트렸다. 강아지 공장을 다룬 방송이 방영된 직후 사람들은 저마다 격분하고 안타까워했으며 많은 기관과 단체가 적극적으로 움직였다. 그 결과 사회 전체에 다양한 변화가 나타났다. 그중에서도 가장 크게 변화한 것을 꼽자면 단연 모란 시장이 아닐까 싶다. 돌이켜 생각해 보면 시간이 흘러가면서 사람들의 인식 또한 변하고 있다는 것을 우리는 알 수 있다. 하지만, 소비자인 사람들이 반려견을 키우는 수준이나 삶의 모습은 그저 내 강아지만 예쁘다는, 개인주의와 이기주의 성향을 띠고 있다. 사회 전반적으로 반려동물 문화를 이야기하고자 한다면 서로 다른 입장에 대해 생각을 나누며 함께 고민하고 협력해야 할 부분은 이해하는 가운데 존중하고 배려해야 하지만, 한국의 민족성이 편을 가르는 결과를 낳고 있다. 게다가 박람회는 점차 상업적으로 변질되고 있다. 사료회사와 애완용품 회사들 저마다 협회를 만들고 단합하여 수많은 행사를 진행하지만 정작 대한민국 반려동물 소비자들의 생각을 읽고, 서로 경험을 공유하며 소비자들이 내는 목소리에 귀 기울이려는 행사는 찾기 힘들다.

반려동물 문화의 메시지는 많은 사람들이 서로 다른 환경에서 느끼고 고민한 것을 나누면서 단계적으로 수정해 나갈 때 새로운 무언가를 찾아낼 수 있다. 이제 우리 역시 반려동물 문화에 대해서 뒷짐을 지는 것이 아니라 직접 나서서 행동과 실천을 보여야 한다.

지금의 소비자들은 어려운 점에 대해 목소리를 높여야 하는 상황에도 뒷짐을 지고 있다. 상황이 이러하다면 반려동물 산업이 가진 문제에 대해 고민할 수 있는 사람은 아무도 없다. 이제는 바로 우리가, 속으로 앓았던 아픈 문제를 드러내어 나누어 보아야 할 시점이다.

그림 3.1 박람회가 소비자에게 주는 의미

반려동물 문화의 중심에 소비자의 소리가 없다

앞서 이야기했듯이 현재 반려동물과 관련하여 많은 행사가 열리고 있다. 그런데 생각해 보면, 소비자가 반려견(애견) 행사에 참여하여 먼저 의견을 낸 적은 단 한 번도 없는 것 같다. 또 그 행사를 기획하고 진행하는 주최측에 의견을 내는 소비자도 본 적이 없다. 단순히 기념품이나 경품 등을 받기 위하여 행사에 참여하는 경우가 많다.

반려동물 산업이 아름답지 않고 성숙하지 못한 데에는 이러한 점도 크게 작용한다. 유기동물은 우리 사회가 지고 있는 아주 큰 문제다. 그뿐만 아니라 개 식용 풍습 역시 우리 반려견을 키우는 사람들에게 큰 아픔으로 다가온다. 이러한 문제들은 반려견을 키우는 사람들의 감성을 자극하며 참여를 이끌어내기 충분하지만, 이러한 아픔에 대하여 목소리를 내는 사람은 아직까지 많지 않다.

반려동물 행사와 박람회가 많이 개최되어 왔다. 현재에도 여전히 많은 행사들이 열리고 있지만 여전히 반려동물 문화에 대한 소비자의 니즈와 의견을 공유하거나 반영한 내용은 찾아보기 힘들다. 이윤창출에 급급한 이상 반려동물 문화를 이야기할 수는 없다. 이러한 현실이 무척 안타깝다. 소비자와 의미 있게 소통하며 소비자의 의견을 들으려는 움직임이 없다. 유명한 사람들이 초청되어 본인의 철학이나 반려동물 산업에 대해 말하지만 이들의 이야기는 반려동물 산업의 일부분에 지나지 않는다. 소비자들이 나무를 보고도 산인 것처럼 느끼는 것은 그만큼 분별할 수 있을 정도의 교육수준이 되지 않는다는 사실을 반영한다. 이제 누군가 반려동물 문화를 이야기하고자 한다면 철저히 소비자의 소리에 귀를 기울이고 소통해야 한다. 그리하여 그 의견에서 의미를 찾고, 소비자들의 물음에 답할 수 있어야 한다.

반려동물 문화의 의미는 무엇일까? 우리나라는 외국사회와 달리 상호협력을 잘 하지 않는다. 기관이나 단체마다 주관적 특성이 너무나 뚜렷하여 존중과 배려가 필요한 반려동물 문화를 이야기하면서도 서로 자신들의 이권을 다투기에 바쁘다. 소비자의 의견이 반영되려면 먼저 소비자의 이야기를 들어야 한다. 그리고 소비자 또한 말하지 않아도 느껴질 수 있도록 삶으로 변화하는 모습을 보여 주어야 한다.

반려동물 문화의 중심에 교육이 있어야 한다. 그런데 이 교육이라는 것이 반려동물을 훈련하는 교육이 아니라 사람들이 기본적으로 갖추어야 하는 지식적인 소양이라는 사실을 잊지 않았으면 한다. 반려동물 문화의 중심에 소비자의 소리가 반영되려면 최소한 기본적인 소양을 갖추고 소비자의 니즈를 표현해야 올바른 판단과 기회를 얻을 수 있을 것이다.

빅데이터로 보는 박람회에 대한 소비자 의견

이 설문조사는 다음 카페 강사모 회원 50만 명에게 설문조사를 실시하여 얻은 데이터로, 반려동물 박람회에 대한 빅데이터 분석 내용이다. 설문조사 기간은 2017년 4월 12일부터 4월 30일까지 실시했다. 참여한 인원 500명의 데이터를 기준으로 설문조사 결과를 추려냈다.

코펫	30%
K-PET FAIR	50%
기타	15%

그림 3.2 **평가하고자 하는 박람회**

2017년 기준으로 박람회 중 소비자들이 가장 주목하는 코리아 펫쇼와 케이펫 페어 그리고 기타 박람회에 대해 소비자들의 의견을 조사했다.

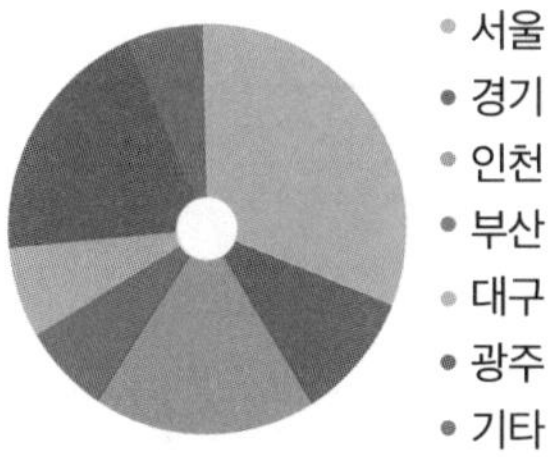

서울	38%
경기	7%
인천	15%
부산	7%
대구	7%
광주	15%
기타	7%

그림 3.3 **설문조사 참여 지역**

설문조사에 참여한 지역은 서울 38%, 경기 7%, 인천 15%, 부산 7%, 대구 7%, 광주 15%와 기타 7%로, 다양한 지역의 많은 사람들이 참여하여 설문조사에 의견을 냈다. 지역적 특성의 영향으로 서울, 경기 지역에서 박람회가 많이 활성화된 것을 알 수 있다.

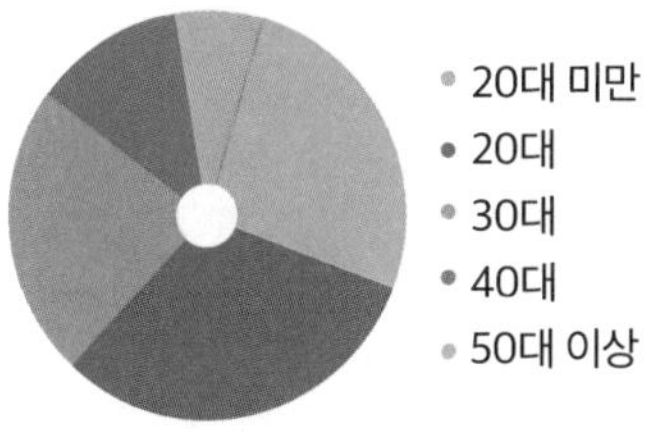

20대 미만	7%
20대	23%
30대	30%
40대	23%
50대 미만	15%

그림 3.4 **설문조사 참여 연령대**

설문조사 참여자의 연령대는 20대 미만 7%, 20대 23%, 30대 30%,

40대 23%, 50대 이상 15%로, 다양한 연령대의 사람들이 참여하여 설문 조사에 의견을 냈다. 반려동물을 키우는 데에 관심이 많은 연령대는 30대로 나타났다. 요즘은 여가 시간을 반려동물과 함께 보내는 인구가 늘고 있다.

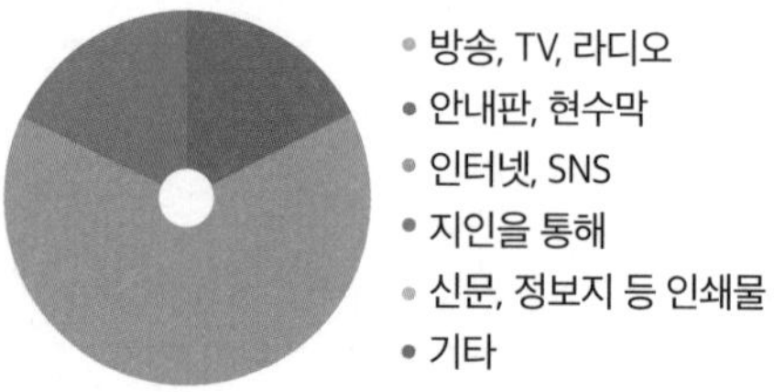

방송,TV, 라디오	0%
안내판, 현수막	15%
인터넷, SNS	69%
지인을 통해	15%
신문, 정보지등 인쇄물	0%
기타	0%

그림 3.5 **반려동물 박람회를 알게 된 경로**

박람회를 알게 된 경로는 안내판 · 현수막 15%, 인터넷 · SNS 69%, '지인을 통해'가 15%로 조사되었다. 대부분 반려동물 박람회의 홍보 경로는 인터넷 · SNS 매체의 점유율이 높은 것으로 확인되고 있다.

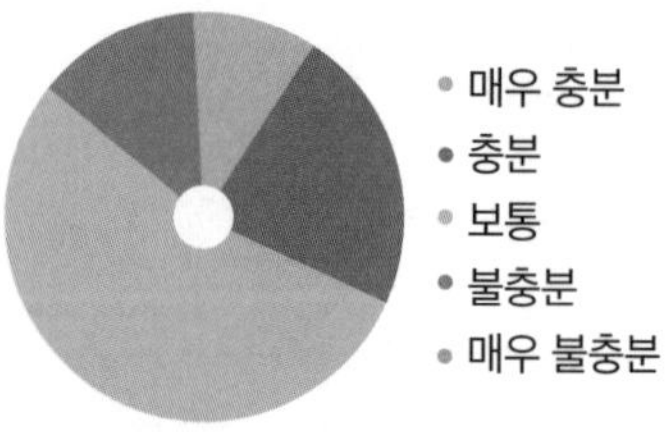

매우 충분	7%
충분	23%
보통	53%
불충분	15%
매우 불충분	0%

그림 3.6 **반려동물 박람회 안내와 정보의 만족도**

"반려동물 박람회에 대해 필요한 안내와 정보가 충분했다고 생각하십니까?"라는 질문에 대한 소비자들의 각 응답 비율은 매우 충분 7%, 충분 23%, 보통 53%, 불충분 15%으로 나타났다. 소비자들은 대부분 '보통'으로 답했으나 '불충분'으로 답한 소비자 또한 15%로 적지 않았다. 인터넷 · SNS로 홍보되는 내용에 소비자에게 꼭 필요한 맞춤형 안내와 정보가 반영되어야 할 필요가 있는 것으로 확인됐다.

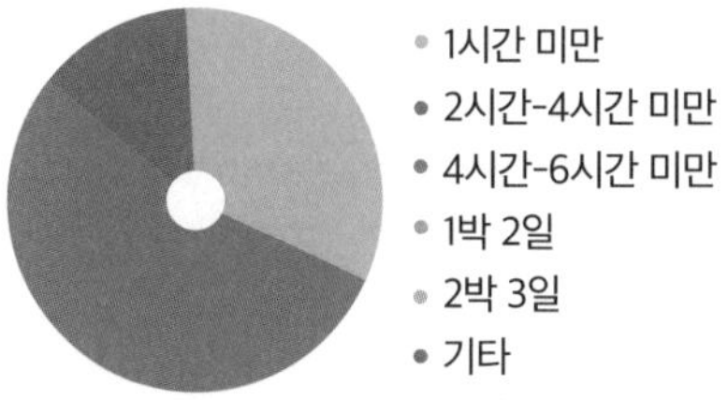

1시간 미만	30%
2시간-4시간 미만	53%
4시간-6시간 미만	15%
1박 2일	0%
2박 3일	0%
기타	0%

그림 3.7 **반려동물 박람회 관람 소요시간**

"반려동물 박람회에 방문하여 얼마동안 관람하셨나요?"라는 질문에 1시간 미만 30%, 2시간~4시간 미만 53%, 4시간~6시간 미만 15%로 응답하여, 평균적으로 관람객 대부분이 1시간에서 4시간 사이에 관람을 마치고 귀가하는 것으로 나타났다.

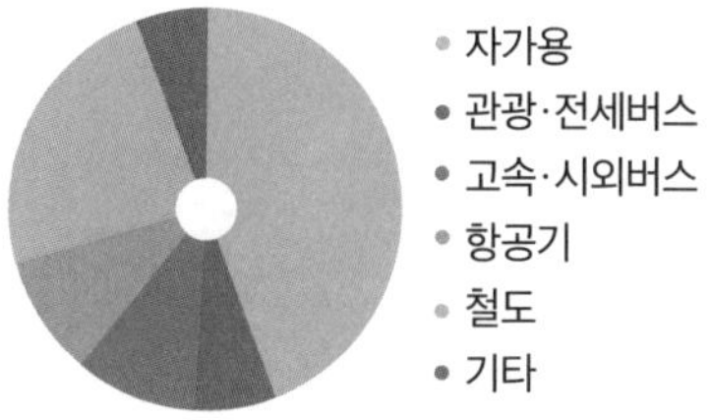

자가용	46%
관광·전세버스	7%
고속·시외버스	7%
항공기	7%
철도	23%
기타	7%

그림 3.8 **반려동물 박람회 교통수단**

반려동물 박람회에 방문하는 교통수단으로는 자가용 46%, 관광 · 전세버스 7%, 고속 · 시외버스 7%, 항공기 7%, 철도 23%, 기타 7%로, 관람객 대부분이 자가용을 이용해 반려동물 박람회에 방문하는 것으로 나타났다. 향후 개최할 반려동물 박람회 다수에도 소비자 대부분이 자가용을 이용해 방문할 것으로 예상된다.

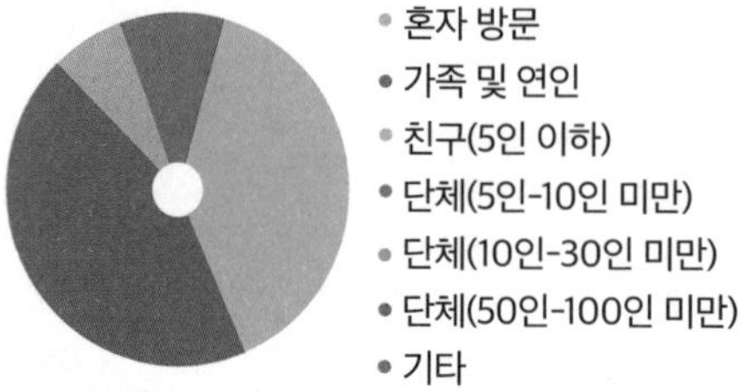

혼자 방문	38%
가족 및 연인	46%
친구(5인 이하)	7%
단체(5인-10인 미만)	7%
단체(10인-30인 미만)	0%
단체(50인-100인 미만)	0%
기타	0%

그림 3.9 **반려동물 박람회 관람 인원**

"반려동물 박람회에는 누구와 함께 가셨나요?"라는 질문에는 응답자 비율이 혼자 방문 38%, 가족 및 연인 46%, 친구(5인 이하) 7%, 단체(5~10인 미만) 7%로 나타났다. 점차 가족 및 연인과 함께 반려동물과의 추억을 만들고자 방문하는 사람들이 많아지는 것으로 보인다. 또한 1인 가구가 증가하면서 '펫펨족'이 증가하는 추세에 맞추어 혼자 방문하는 비율도 전체의 3분의 1이 넘는 38%를 차지했다.

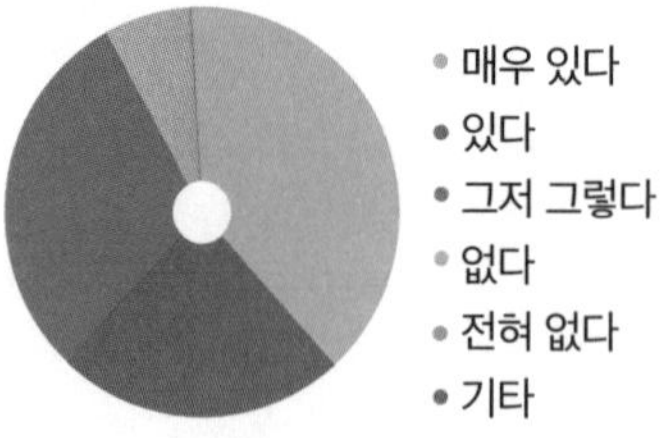

매우 있다	38%
있다	23%
그저 그렇다	30%
없다	7%
전혀 없다	0%
기타	0%

그림 3.10 **반려동물 박람회 재방문 의사**

"반려동물 박람회에 재방문할 의사가 있나요?"라는 질문에 대한 응답자 비율은 매우 있다 38%, 있다 23%, 그저 그렇다 30%, 없다 7%로 나타났다. 61%에 달하는 인원이 재방문 의사를 밝혔다. 재방문 의사에 부정적 의견을 나타낸 사람들은 대부분 반려동물 박람회에 물건을 판매하는 것 이외에는 특별히 인상에 남는 콘텐츠가 없다고 말했다. 따라서 반려동물 문화에 대한 콘텐츠가 시급히 개선되어야 한다고 언급했다.

매우 만족	15%
만족	23%
보통	46%
불만족	0%
매우 불만족	15%

그림 3.11 **반려동물 박람회 교통시설 만족도**

"반려동물 박람회의 교통시설에 대해 어느 정도 만족하시나요?"라는 질문에는 매우 만족 15%, 만족 23%, 보통 46%로, 관람객 대부분이 교통시설에 만족했다. 하지만 '매우 불만족'으로 응답한 15%는 교통시설에 불만을 표현했는데, 해당 소비자를 대상으로 불만 의견을 조사한 결과 교통시설에 대한 안내 부족과 공간의 협소함이 주요 원인으로 나타났다. 앞으로 반려동물 산업의 박람회가 성장함에 따라 교통시설 또한 소비자의 만족을 높일 수 있는 방향으로 모색해야 할 것이다.

매우 만족	7%
만족	30%
보통	38%
불만족	7%
매우 불만족	7%
응답 없음	7%

그림 3.12 **반려동물 박람회 안내서비스 만족도**

"반려동물 박람회의 안내서비스에는 어느 정도 만족하시나요?"라는 질문에는 매우 만족 7%, 만족 30%, 보통 38%, 불만족 7%, 매우 불만족 7%, 응답 없음 7%로 나타났다. 반려동물 박람회의 안내서비스에 대해 소비자들 대부분은 만족했으나 그 외 일부 소비자들은 안내직원의 불친절을 이유로 들어 '불만'에 응답하였다. 반려동물 박람회가 반려동물과 함께하는 행사이기 때문에 다소 복잡하기는 하지만 안내를 하는 직원들의 서비스가 향상될 수 있도록 박람회 주관사들이 친절에 대한 서비스를 강화한다면 박람회의 만족지수가 보다 더 안정화될 것으로 보인다.

매우 만족	0%
만족	7%
보통	46%
불만족	38%
매우 불만족	7%

그림 3.13 **반려동물 박람회 편의시설**

"반려동물 박람회의 편의시설에 대해 어느 정도 만족하시나요?"라는 질문에는 만족 7%, 보통 46%, 불만족 38%, 매우 불만족 7%로, 편의시설에 대해서는 많은 소비자가 불만족스러워하였다. 불만족 의견을 제시한 소비자들은 반려동물과 함께 쉴 수 있는 공간이 부족하다고 말했다. 따라서 관람 도중 언제라도 반려동물과 함께 쉴 수 있는 휴게 공간이 필요하다고 의견을 제시했으며 또한 화장실에 반려동물을 데리고 함께 들어갈 수 없는 점을 고려해 화장실 이용 시 잠시라도 반려동물을 맡길 수 있는 방안이 마련되었으면 좋겠다는 의견을 제시하기도 했다.

매우 만족	0%
만족	15%
보통	53%
불만족	15%
매우 불만족	7%
응답 없음	7%

그림 3.14 **반려동물 박람회 직원 친절도**

"반려동물 박람회 직원 친절도에 대해 어느정도 만족하시나요?"라는 질문에는 만족 15%, 보통 53%, 불만족 15%, 매우 불만족 7%로, 대부분은 만족했으나 불만을 가진 23%의 소비자들은 직원들의 친절도에 매우 큰 불만을 표출했다. 올해 처음으로 반려동물 박람회를 참관한 소비자는 환경이 낯선 데다 혼자 방문하여 주변에 있는 직원들에게 문의를 했으나 바쁜 탓인지 매우 불친절했다고 말했다. 반려동물 산업이 성장함에 따라 반려동물 박람회가 다양하게 생겨나는 만큼, 소비자를 위한 박람회 직원 친절도 향상이 시급해 보인다.

매우 만족	7%
만족	15%
보통	46%
불만족	7%
매우 불만족	23%

그림 3.15 **반려동물 콘텐츠 만족도**

"반려동물 박람회 콘텐츠에 어느 정도 만족하시나요?"라는 질문에 대한 응답자 비율은 매우만족 7%, 만족 15%, 보통 46%, 불만족 7%, 매우 불만족 23%로 나타났다. 불만족이라고 응답한 30%의 소비자에게 원인을 묻자, 반려동물 문화에 대한 교육 프로그램이나 콘텐츠가 부족하다고 답했다. 이들은 박람회에 방문하여 많은 정보를 얻고자 했지만 이윤추구를 목적으로 하는 콘텐츠만을 접하고 매우 불만족스러워 했다. 기업 및 업체들이 반려동물 문화 콘텐츠와 교육 프로그램에 많은 관심을 가져야 할 시점이다.

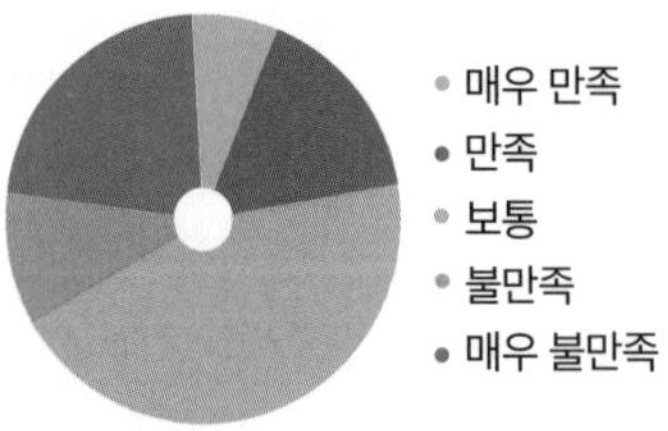

매우 만족	7%
만족	15%
보통	38%
불만족	23%
매우 불만족	15%

그림 3.16 **반려동물 박람회 평가**

"반려동물 박람회에 대해서 전체적으로 어떻게 평가하십니까?"

라는 질문에 응답자 비율은 매우 만족 7%, 만족 15%, 보통 38%, 불만족 23%, 매우 불만족 15%로 나타났다. 불만족스럽다고 응답한 35%의 소비자들은 반려동물 박람회가 장사를 위한 공간이 아닌, 소비자의 수준 향상을 도모하고 반려동물에 대한 복지를 깊이 있게 다루는 공간으로 성장했으면 좋겠다고 아쉬움을 전했다. 매년 많은 반려동물 박람회가 개최되지만 판매를 위한 내용이 많아져 점차 공감하는 사람들이 없어지는 것 같다는 의견을 덧붙였다.

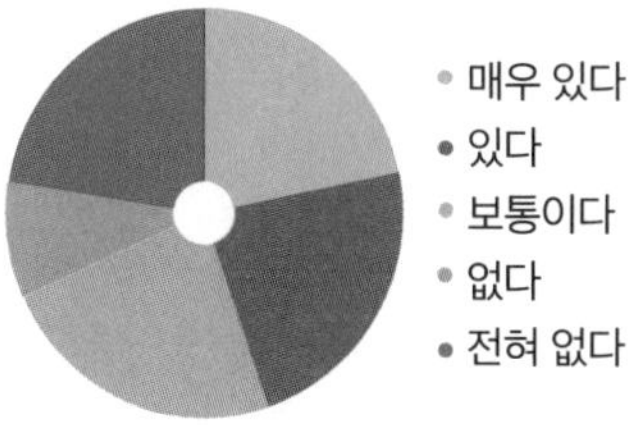

매우 있다	23%
있다	23%
보통이다	23%
없다	7%
전혀 없다	23%

그림 3.17 반려동물 박람회를 타인에게 권유할 의지

"반려동물 박람회 관람을 다른 사람들에게 권유할 생각이 있으십니까?"라는 질문에 응답자 비율은 매우 있다 23%, 있다 23%, 보통이다 23%, 없다 7%, 전혀 없다 23%로 나타났다. 응답자의 30%가 반려동물 박람회를 권유할 생각이 없는 것으로 전했는데, 해당 관람객들의 의견을 들어본 결과 반려동물 박람회에 소비자들이 공감할 수 있는 반려동물 콘텐츠가 부족하다는 의견을 나타냈다.

상업적이다	92%
비 상업적이다	0%
기타	7%

그림 3.18 **반려동물 박람회 상업성 평가**

"반려동물 박람회가 상업적이라고 생각하나요?"라는 질문에 92%는 "상업적이다"라고 답했다. 반려동물 박람회들이 많이 개최되고 있으나 문화적 측면에서 반려동물 콘텐츠를 다룬다고 여길 만한 박람회는 찾아보기가 드물다. 이로 인해 소비자들은 대부분 저렴한 제품, 저렴한 서비스를 이용하고자 박람회를 방문하는 것으로 나타났다. 반면, 반려동물을 가족으로 생각하여 조금 더 좋은 제품과 좋은 서비스를 경험하기 위해 반려동물 박람회를 참관하는 인구도 늘어나고 있다. 반려동물 박람회에 상업성보다는 문화에 대한 메시지를 담을 수 있는 시도가 필요한 상황이다.

반려동물 문화에 대한 커뮤니케이션

반려동물 문화에 대해서 이야기하려면 반려동물과 반려인 사이에서의 비언어적, 언어적 표현에 대한 서로의 이해가 절실하다. 여기서 비언어적인 표현은 우리 삶의 모습을 의미하며, 언어적인 표현은 교육적인 모습을 의미한다. 우리의 삶이 언어적인 모습으로 잘 표현되기 위해서는 사람들이 저마다 지식적으로 반려동물에 대한 기본적인 소양과

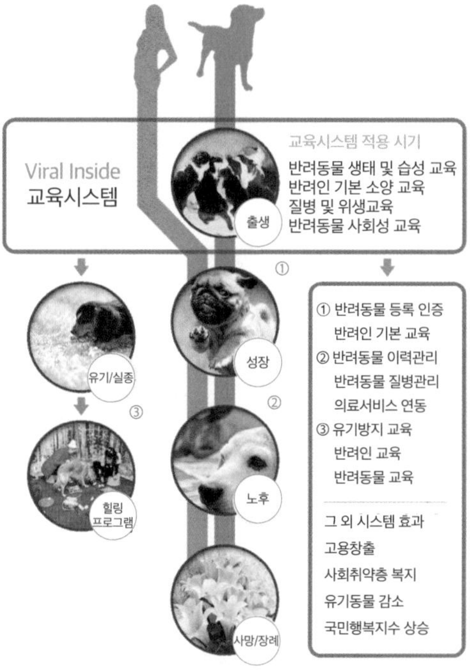

그림 3.19 **반려동물 문화의 전체적 관점의 이해**

지식을 습득해야만 한다. 즉, 말하지 않아도 삶의 모습이 바뀌어 반려동물 문화의 가치를 표현할 수 있어야 한다.

하지만, 우리는 반려동물을 키우는 사람들의 생각이 어떠한지 깊이 있게 고민해 보지 않았다. 반려동물에 관심이 많으면 박람회나 행사 등에 참여하기도 하지만, 이러한 박람회나 행사마저도 똑같은 기업들이 주관하는, 똑같은 박람회와 행사에 지나지 않는다. 다음세대에게 반려동물 문화를 올바르게 전해 주기 위한 소통이 어디에도 없는 것이다.

이 문제에 대해서 제일 먼저 실천해야 할 것은 반려인들의 소리를 경청하는 것이다. 그들이 무엇을 원하는지를 듣고, 이를 어떻게 함께 해결해 나갈 수 있는지 고민해야 한다. 이러한 첫 시도가, 우리가 원하는 세상을 만들어 가는 데에 소중한 밑거름이 될 것이다. 소통을 통해 박람회나 행사가 의미 있는 콘텐츠로 풍성해지고, 이를 접한 반려인들의 삶에 변화가 나타날 때, 비로소 우리는 올바른 반려동물 문화를 전할 수 있을 것이다.

"최근 대한민국의 반려동물 박람회가 반려동물 문화를 알리기 위한 노력을 하고 있다고 생각하시나요?"라는 질문에 소비자 대부분이 부정적인 의견을 나타냈다. "개선하기 위해서는 어떤 노력이 필요할까요?"라는 질문에는 "공감 가는 콘텐츠를 제작해 주었으면 좋겠다"는 의견이 많이 나왔다. 이처럼 시대의 트렌드는 변하고 있다. 그러나, 의견을 제시한 사람들 중에도 반려동물 문화를 깊이 있게 고민하거나 공부한 사람은 많지 않았다. 앞으로 반려동물 산업과 문화가 조화롭게 성장하는 미래를 만들어 가기 위해서는 부분적인 관점이 아니라 전체적인 관점에서 많은 전문가, 소비자, 기업, 업체들 간의 통합된 커뮤니케이션이 필요하다.

반려동물 문화에 대하여 올바르게 소통하기 위해서는 반려동물의 출생에서부터 장례에 이르기까지, 전생애를 다루는 전생애주기(ALL-LIFE CYCLE)에 대한 고민과 경험이 필요하다. 반려동물에 대해서 깊이 있게 이야기하기 위해서는 오랜 시간 반려동물과 함께 희노애락을 느낀 경험이 있어야 한다. 그렇지 않으면 다소 부분적인 대화에만 그칠 수 있는 문제점이 있다. 전문가, 소비자 간의 격차를 해소하고 서로 원활히 소통하기 위해서라도, 전체적인 관점의 올바른 소통이 반려동물 문화에 반드시 필요한 상황이다.

04

반려동물 문화의 발전을 위한 교육 서비스 플랫폼 설계

Companion Animal : Industry and Future

04

반려동물 문화의 발전을 위한 교육 서비스 플랫폼 설계

이 장에서는 가장 중요하지만 반려동물 산업에서 빠져 있는 교육의 관점에서 살펴보고자 한다. 반려동물 산업은 급성장했다. 교육이나 제도적인 부분을 준비하지 않고 산업만 급성장시킨 결과로 사람들은 서로에 대해 잘 알지 못하는 점을 이용하여 이윤 창출을 목적으로 서로를 속고 속였다. 장사라는 관점에서 보면 소비자가 잘 모를 때 흥정을 할 수 있었다. 반려동물 산업이 발전하는 동안에도 제품과 서비스에 정확한 표준이 마련되지 않아 많은 사람들이 소비자가 모르는 점을 이용하여 천차만별의 가격으로 수익을 창출했다. 시간이 지나 소비자들은 정보를 접하면서 속았다는 사실을 알게 되었다. 그러나, 사람에 대한 교육과 제도적인 준비가 체계적으로 이루어지지 못하면서 폐쇄적인 산업 구조는 신뢰도의 하락으로 이어졌다. 돌이켜 보면 모든 산업 문제의 중심에는 사람이 있다. 누구든 제대로 교육을 받지 않으면 개인주의 관점에서 생각하게 된다. 듣고 싶은 대로 듣고 보고 싶은 대로 보며 삶을 살아가는 것이다. 삶이 곧 교육이다. 반려인들이 삶으로 본을 보여야 한다. 이때 비로소 다음세대인 아이들에게 반려동물 문화가 전달될 수 있다.

반려인 교육 서비스 플랫폼이 필요한 이유가 바로 여기에 있다. 폭넓고 체계적인 교육이 필요하다. 부분적으로만 접근하는 것이 아니라 반려동물 산업 전문가, 수의계, 소비자 등 다양한 사람들이 함께 협력하여 모든 반려인이 공감하는 콘텐츠를 만들어 갈 때, 모두가 함께 느끼는 인식의 변화가 시작될 것이다.

작은 노력이 세상을 바꾼다. 현재 우리들은 아무런 준비도 없이 쉽게 반려동물을 기르고 있다. 반려동물을 가족이라고 생각한다면 반려동물에 대해 얼마나 지식을 갖추고 있는가를 생각해 보아야 한다. 다음세대 아이들에게 올바른 반려동물 문화를 전할 그날을 소망해 본다. 지금의 기성세대들이 이러한 교육의 중요성을 깨닫고 저마다 가진 생각을 전환하여 천천히 개선해 나간다면, 삶으로써 아름다운 반려동물 문화를 전할 수 있을 것이다. 우리의 작은 시작으로부터 세상은 변화한다.

반려인 교육 서비스 플랫폼 배경

반려동물 산업의 급격한 성장으로, 현실은 유기견과 안락사 등의 사회 문제를 해결해야 하는 상황에 놓여 있으며 이외에도 사회소외계층을 비롯하여 도움이 필요한 곳과 연계하는 공감대 형성 프로젝트가 반드시 필요하게 되었다. 이 모든 문제를 일으키는 가장 심각한 원인은 바로 반려동물을 키우려는 사람에 대한 교육의 부재이다. 이 때문에 유기동물 문제가 빈번하게 발생하고 있다.

반려동물 산업의 급성장에 따라 관련 기술은 등장하고 있으나,
폐쇄적인 산업 구조로 인해 ALL-Life Cycle 기준의 통합 교육 솔루션의 부재

매년 두 자리 수 이상의
폭발적인 반려동물 산업 성장률
(유기견, 안락사 등 사회적인 문제의 발생)

사회 소외계층과 도움이 필요한 곳의
연계를 통한 공감대 형성 프로젝트 필요

반려인 교육 부재로 인한 반려동물의
특성과 이슈 이해 부족

그림 4.1 **반려동물 산업의 문제 해결을 위한 교육 서비스 플랫폼 필요**

사람들이 반려동물을 키우기 전에 최소한의 소양이라도 갖춘 후 반려동물을 입양한다면 가장 기본이 되는 생명존중 문제는 지켜질 것이다. 하지만 처음부터 아무런 공부 없이 물건을 사고파는 형태로 반려동물을 입양하다 보니 근본 원인을 해결하지 못한 채 같은 문제가 계속 반복되고 있다.

따라서 반려동물 산업의 문제를 해결하기 위해 교육 서비스 플랫폼이 필요하다. 교육 서비스 플랫폼은 반려인들의 니즈(needs)를 충족하고 반려동물이 행복할 수 있도록 근본적인 문제를 해결하는 데에 가장 큰 목적이 있다.

반려인 교육 서비스 플랫폼 목적

교육 서비스 플랫폼은 반려동물의 생애 전체를 바탕으로 하는 전 생애주기(All-Life Cycle) 관점에서 반려인 교육을 다루는 시스템이다. 반

려동물을 기르기 전부터 사전/사후 교육을 진행함으로써 동물유기, 동물학대, 펫로스(Pet-loss) 등 사회 전반적으로 이슈가 되고 있는 문제를 근본적으로 해결하는 데에 목적이 있다.

서비스 관점에서 국내외 관련시장 동향을 살펴보면 국외 반려동물 선진국의 경우 관련 산업의 시장과 기술보다는 반려동물과 사람에 더 초점을 맞추어 이들이 더 나은 환경에서 공존할 수 있도록 오프라인 중심의 복지와 성숙한 반려문화를 정착시키고 있다. 이 점이 국내와는 많이 비교되는 부분이다.

국외에서는 복지의 중심이 반려문화에 포커싱(Focusing)되어 정확하고 올바른 방향으로 반려동물 문화를 이야기할 수 있다. 하지만 아직 대한민국은 개 · 고양이 식용 등의 사회적인 문제에 대해서도 해결하지 못한 상황으로, 반려동물에 대한 생명존중조차 이야기할 수 없는 실정이다. 그러므로 많은 사람들과 소통하고 협력하여 성숙한 반려동물 문화를 정착시켜야 한다.

그림 4.2 **복지중심의 해외 반려문화 선진국과 그 관련 시장**

반려인 교육 서비스 플랫폼 개발

반려인 Education Community 플랫폼은 시스템 간 유기적인 연계가 필요하며 전자정부 표준프레임워크 기술 적용 관련기관(산업)의 연계, 확장성 및 유지보수의 생산성을 높이기 위해 표준화된 개발 프레임워크인 전자정부 표준프레임워크 기술을 도입하여 개발.

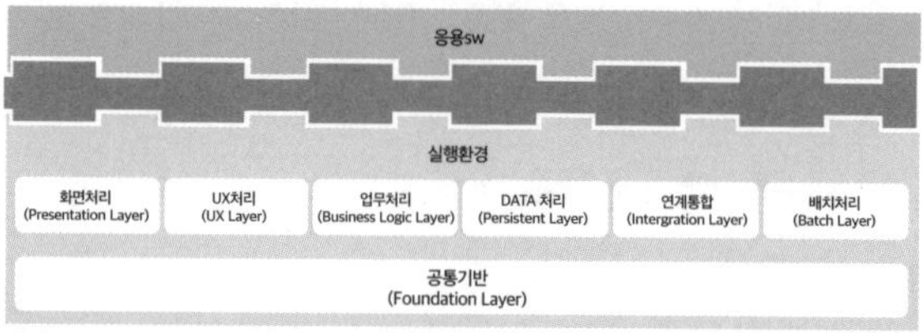

1. 기존 반려동물 산업관련 시스템의 단순 정보를 전달한 작은 규모의 시스템에서 표준화된 프레임워크로 패러다임 전환을 이루었다는 점에서 타 경쟁사와 구분됨.
2. 기술개발 대상과제의 적용프레임워크 기술개발 요소 및 방법은 아래와 같음.

기술개발 대상과제 플랫폼을 구성하는 4개의 시스템들은 <그림 전자정부 표준프레임워크 실행환경>의 실행환경 구성 중 응용SW 계층에 적용됨.
공동기반 오픈소스 프레임워크인 Spring 3.0을 기반으로 구성되어 있고, 이를 기반으로 화면처리, UI/UX처리, 업무 처리, DATA처리, 연계통합, 배치처리 계층으로 구성함.
통합 포털의 사용자 화면 구성은 MVC(Model-View-Control)패턴을 적용하여 비즈니스 로직과 화면처리를 분리함으로써 확장성과 유지보수를 용이하게 할 수 있는 구조로 개발함.

그림 4.3 **전자정부 표준프레임워크 실행환경**

반려인을 위한 교육 서비스 플랫폼은 관련 기관과 연계하고, 확장성 및 유지보수의 생산성을 높이기 위하여 표준화된 전자정부 표준프레임워크(Framework) 기술을 도입하여 개발했다. 기존 반려동물 산업 관련 시스템의 단순 정보를 전달한 작은 규모의 시스템에서 표준화된 프레임워크로 패러다임 전환을 이루었다는 점에서 타 경쟁사와는 구분되는 특성을 지닌다. 현재 가장 많이 사용하고 있는 프레임워크 방법론인 전자정부 프레임워크 실행환경으로 구성하여 응용SW계층에 적용한다. 또한 공통기반 오픈소스 프레임워크인 'Spring3.0'을 기반으로 구성했으며 화면처리, UI/UX처리, 업무처리, DATA처리, 연계통합, 배치처리 계층으로 구성했다. 통합 포털의 사용자 화면 구성은 MVC(Model-View-Control) 패턴을 적용하여 비즈니스 로직과 화면 처리를 분리하였고 확장성과 유지보수를 용이하게 할 수 있는 구조로 개발하였다.

반려인 교육 서비스 플랫폼 구축안 도출

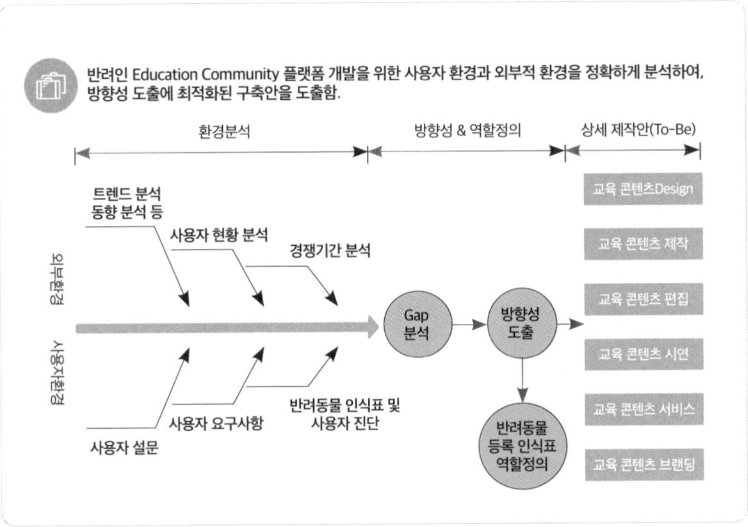

그림 4.4 반려인 교육 서비스 플랫폼 구축안

반려인들에게 필요한 교육 서비스 플랫폼을 개발하기 위해서는 사용자 환경인 내부 환경을 분석하여 외부 환경과의 차이(Gap)를 줄이려는 노력이 필요하다. 이를 통해 방향성을 도출하고, 도출된 방향성으로 플랫폼을 구현할 수 있다. 환경을 분석하고 방향성과 역할을 정의하면 최종적으로 상세제작안(To-Be)을 설계할 수 있는데, 이때 교육콘텐츠의 디자인, 제작, 편집, 시연, 서비스, 브랜딩까지 전체적인 마스터플랜을 완성하게 된다. 이를 통해 최적화된 구축안을 도출할 수 있다.

반려인 교육 서비스 플랫폼의 도전성과 혁신성

기술적 측면

- 국내외 시도가 전무한 반려동물 전생애주기(All-Life Cycle)를 다룬 최초의 교육 플랫폼
- 반려동물 교육 플랫폼의 개발은 중앙정부의 기준과 사용자의 활용성을 동시에 만족시키는 국내 최초의 앱(App) 플랫폼

사회적 측면

- 반려동물 관련 산업뿐만 아니라 사회 취약 계층 및 고용창출과 같은 사회적인 책임까지의 접근을 시도함.
- 교육을 통한 반려동물 문화의 인식제고를 시도한다는 점에서 규모와 도전성 및 타 경쟁기관과 구분됨

경제/산업적 측면

- 반려동물 산업 사업자와 사용자 간의 필요한 교육을 통해 동반 성장 가능한 비즈니스 모델을 구현함.
- 국내에 반려동물 1000만 회원을 대상으로 체계적인 교육을 통해 산업의 좋은 서비스와 상품 성장 효과

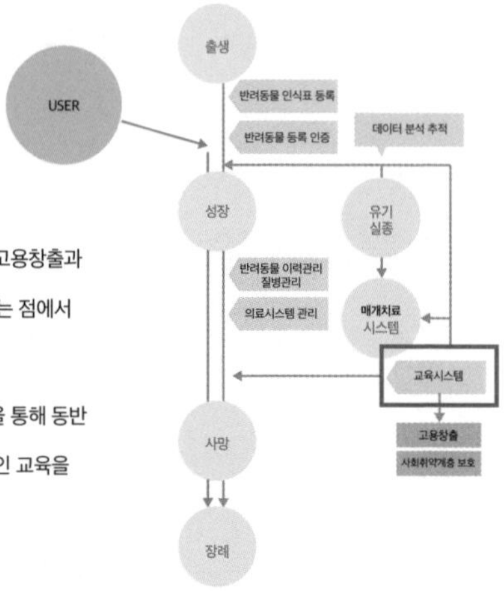

그림 4.5 **반려동물 전생애주기(ALL-LIFE CYCLE) 측면의 교육 시스템**

반려인 교육 서비스 플랫폼을 기술적 측면에서 살펴보면 현재까지 국내외를 통틀어 시도가 전무했던 반려동물의 전생애주기를 다룬 최초의 교육 플랫폼이라 할 수 있다. 반려동물 교육 플랫폼은 중앙정부의 기준과 사용자의 활용성을 동시에 만족시키는 국내 최초의 앱(APP) 플랫폼으로 개발되었다. 사회적 측면을 살펴보면 반려동물 산업뿐만 아니라 사회 취약 계층 지원및 고용창출과 같은 사회적인 책임에까지 접근을 시도했다는 데에 많은 의미가 있다. 또한 교육을 장려하여 반려동물 문화의 인식 제고를 시도한다는 점에서 타 경쟁기관과 규모 및 도전성이 구별된다. 경제 산업적 측면으로는 반려동물 사업자와 사용자 간에 필요한 교육을 지원하여 동반성장이 가능한 비즈니스 모델을 구현할 수 있다. 국내 반려인 1,000만 회원을 대상으로 체계적인 교육을 지원

함으로써 산업의 향상된 서비스와 상품 성장효과를 가져올 수 있는 것이다.

반려인 교육 서비스 플랫폼 실현

그림 4.6 반려인 교육 서비스 플랫폼 실현

반려인 교육 서비스 플랫폼을 실현하기 위해서는 기획 초기부터 상용화에 초점을 두어 즉시 실현 가능한 모델을 양산해야 하며 예상되는 진입장벽에 대해 해결방안을 모색하여 위험부담을 줄이는 작업을 검토해야 한다. 우선, 목표의 진입장벽과 그에 따른 해결방안은 다음과 같다. 시스템의 신뢰성을 확보해야 하며 검증되고 안정적인 아키텍처(Architecture)를 구성해야 하고 유지보수성이 높은 플랫폼을 구축해야 한다. 주관기관의 풍부한 SI 및 플랫폼 서비스 구현 경험과 450여 개의 공공 및 민간 정보화 사업에 적용한 경험을 활용하여 시스템의 안정성과 효율성이 검증된 표준 프레임워크를 기반으로 플랫폼을 구축하게 된다.

반려인 교육 서비스 플랫폼을 구현하다 보면 세부개발 내용의 진입장벽이 발생하는데, 참여 기관에서 이미 확보한 반려동물 사업자/회원에 관련된 DB 분석을 통해 연계 서비스를 구현하여 문제를 해결할 수 있다. 사전 DB를 충분히 확보하여 반려동물 콘텐츠 제작을 진행할 수 있으며 적극적으로 홍보하면 추가 DB 확보도 가능하다. 또한 이전에 제작된 콘텐츠 노하우를 활용하여 체계적으로 시스템을 구축할 수 있으며 고객의 실질적인 의견을 반영하여 문제를 해결할 수 있다. 이 시스템은 반려인들이 공감할 수 있는 콘텐츠로 제작되었으며 온/오프라인 연결을 통해 함께 체계적으로 소통할 수 있다는 장점을 지닌다.

반려인 교육 서비스 미래 전망

국내외 반려동물 산업시장의 전망을 살펴보면 국내의 경우 2013년 기준 1조 2천억 원이었던 시장 규모에서 2020년 5조 8천억 원까지 늘어날 것으로 예측한다. 세계 시장 역시 2013년 77조 원 규모에서 2020년 200조 원까지 시장 규모가 늘어날 것으로 예측한다. 반려동물 산업은 변화하고 있다. 이 변화에 맞추어 시장 설계가 체계적으로 진행되어야 하며 그 중심에 교육 서비스가 있어야 한다. 대한민국은 역사가 있는 민족이다. 어려운 환경 속에서도 선진국 반열에 오를 수 있었던 이유는 형편이 어려운 가운데에도 부모님들이 자녀에게 배울 수 있는 기회를 만들어 주었고 다음세대인 아이들이 꿈을 펼칠 수 있도록 조력했기 때문이다. 대한민국의 미래는 다음세대에게 달려 있다. 다음세대가 반려동물에 대한 생명존중 의식을 비롯하여 기본 소양을 갖추고 이를 실현하기 위해서는 반드시 교육이 필요하다.

이제까지 반려동물 사업자와 고객의 요구를 모두 만족시킬 수 있

구 분	시장규모 (2013년)	시장규모 (2014년)	시장규모 (2015년)	시장규모 (2020년)
국내 시장규모	1조 2천억 원	1조 5천억 원	1조 8천억 원	5조 8천억 원
세계 시장규모 (미국+일본)	77조 원	80조 원	90조 원	200조 원

표 4.1 반려동물 산업 시장 국내외 전망

는 서비스는 전무했다. 앞서 살펴본 문제들을 직접적으로 해결하기 위해서는 반려동물 전생애주기에 기반을 둔 교육 서비스 플랫폼을 구축해야만 한다. 반려인 교육 서비스 플랫폼은 반려동물 산업에 필요한, 유연한 서비스를 제공하고 교육 서비스를 체계적으로 관리함으로써 새로운 비즈니스 기회와 일자리를 창출할 수 있다.

앞으로 강사모는 온/오프라인(On-Offline) 사업자와 고객을 유기적으로 연결하여 새로운 가치를 창출하는 반려인 교육 프로젝트를 시행하고자 한다. 효율성과 안정성이 검증된 반려인 교육 서비스 플랫폼은 반려동물 산업에 최적화되어 새로운 변화와 혁신을 제공할 것이다. 어떠한 일이든지 도전하지 않고 실행하지 않으면 아무것도 변할 수 없다.

현재 반려견을 키우는 많은 반려인들이 많은 아픔과 어려움을 겪고 있다. 그들이 진정 반려동물을 사랑하는 마음으로 행복한 미래를 꿈꿀 수 있도록 사람에 대한 교육이 절실한 상황이다. 이 교육을 통해 반려동물을 사랑하는 마음을 담아내는 것이 가장 중요하다.

05

반려동물 산업 소비자 트렌드 빅데이터 분석

Companion Animal : Industry and Future

05

반려동물 산업 소비자 트렌드 빅데이터 분석

이 장에서는 반려동물 산업, 의료, 동물보호와 관련한 소비자의 생각을 파악하기 위해 빅데이터를 분석하여 살펴보았다. 반려동물 산업의 변화에 따라 반려동물 문화의 가치와 의미 역시 변화하고 있는 현 시점에서 다양한 분야의 소비자 생각을 경청하는 것은 매우 중요하다. 사람들이 어느 것에 공감하고 어떻게 느끼는지 마음의 소리를 들을 수 있다면 우리는 그들에게 더 나은 서비스와 좋은 제품을 제공할 수 있을 것이다. 창조라는 것은 어느 날 갑자기 만들어지는 것이 아니다. 상대방의 작은 소리에도 상대방이 왜 그런 말을 하였는지 생각할 때 그들이 전하고자 했던 마음의 소리를 들을 수 있는 것이다. 이 장에서는 사료, 동물병원, 유기동물 보호소, 소비자 구매패턴에 대한 소비자 의견을 다루었으며 현재 반려동물 산업과 문화의 관점에서 우리가 생각해 보아야 할

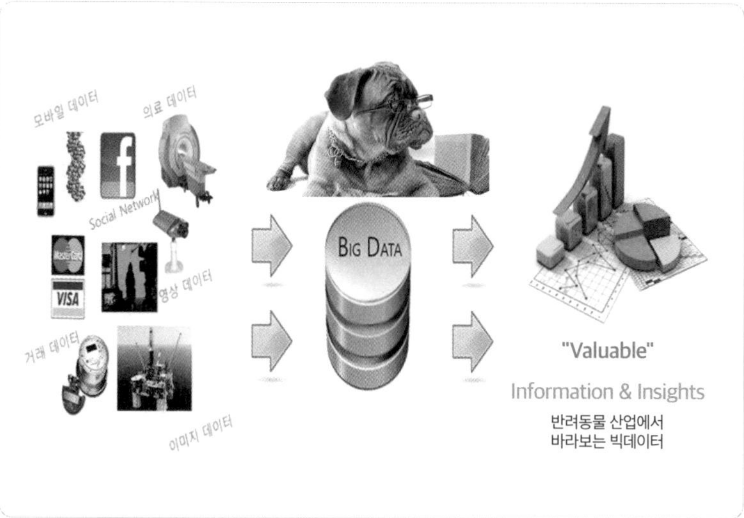

그림 5.1 빅데이터로 보는 반려동물 시장

부분에 대해 기술하고자 했다. 세상은 변하고 있다. 그 변화에 맞추어 다음세대 아이들에게 반려동물 문화를 올바르게 이야기하고자 한다면 반려인들이 느끼고 생각하는 이 반려동물 산업의 중심에서 공감하는 내용으로 쉽게 천천히 변화를 시도해야 한다.

한국 사람들은 언제나 모든 기술 분야에서 뛰어나 제일 정교하게 만들고 완벽하게 구성한다. 그러한 기술이 개발되어 세상에 나왔을 때 사람들은 엄청나고 훌륭한 제품과 서비스라고 표현한다. 하지만 막상 현실에서 그 제품과 서비스를 사용하는 경우는 드물다. 수많은 시간을 고민하고 노력하여 아무리 잘 만들어도 사용하지 않으면 무의미한 것이 되고 만다. 중요한 것은 어떠한 것을 개발하든지 간에 소비자가 쉽게 받아들일 수 있도록 소비자의 눈높이에 맞추어 소통하는 노력을 먼저 해야 한다는 것이다. 빅데이터를 분석하고 살펴볼 때 모든 상황은 'Case By Case'로 어떤 관점을 가지고 바라보느냐에 따라 시사하는 바가 달

라진다. 우리는 이 데이터들을 통해 그들이 왜 설문에 그와 같이 응답할 수밖에 없었는지에 대하여 생각해 보아야 한다. 그것이 빅데이터를 분석하여 트렌드를 이해하는 시작임을 알려 주고 싶다. 변화를 원한다면 소비자가 어떻게 생각하는지를 주의 깊게 살펴보자.

반려동물 산업 빅데이터 분석 — 사료 부문

이 설문조사는 포털사이트 다음 카페인 '강아지를 사랑하는 모임'(이하 '다음 강사모')에서 반려동물 사료에 대한 주제로 12월 8일부터 18일까지 11일간 진행한 설문조사로, 반려인 1,106명이 참여했다. 이 설문조사는 총 25개 문항으로 이루어졌으며 현재 대한민국에서 유통되는 사료 전반에 대한 소비자의 의견을 조사했다. 설문조사에 참여한 응답자 87%가 사료를 믿을 수 없다고 말하여, 대체로 사료에 대한 신뢰성이 현저히 낮은 것으로 나타났다.

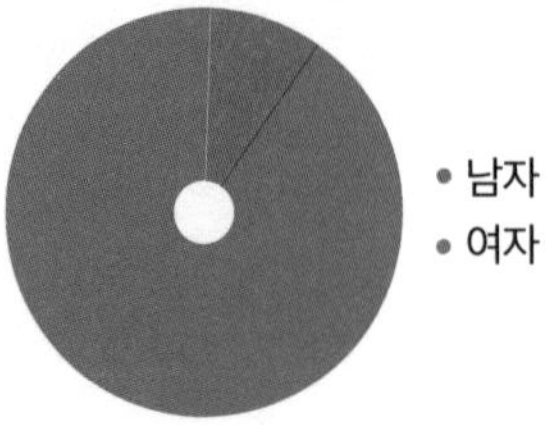

남자	7%
여자	92%

그림 5.2 사료 설문조사 참가자 비율

성별을 묻는 질문에 남자가 7%, 여자가 92% 비율로 조사되어 설문조사에 참여한 반려인의 경우 여성의 비율이 상대적으로 많이 높았다.

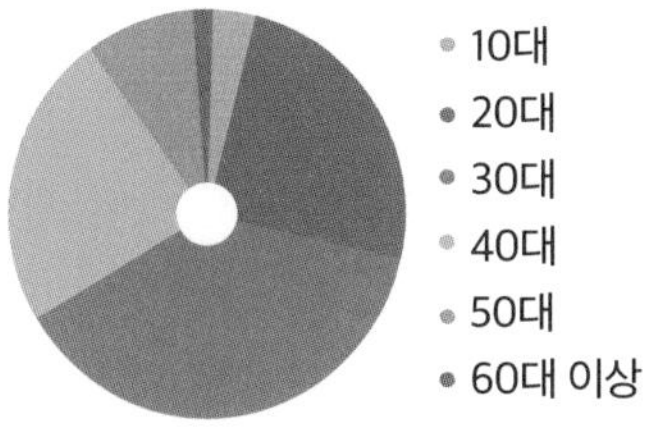

10대	3%
20대	25%
30대	35%
40대	25%
50대	8%
60대 이상	1%

"20대, 30대, 40대 주요 활동 회원"

그림 5.3 **사료 설문조사 참가 회원 연령대**

연령을 묻는 질문에는 10대 3%, 20대 25%, 30대 35%, 40대 25%로 나타나 주요 활동회원층이 20대, 30대, 40대에 분포된 것을 알 수 있다. 또한 1인 핵가족화가 급속히 증가하면서 1인 가구에서 반려동물을 키우는 사례가 늘어나고 있는데, 이 추세 역시 반영된 것으로 보인다.

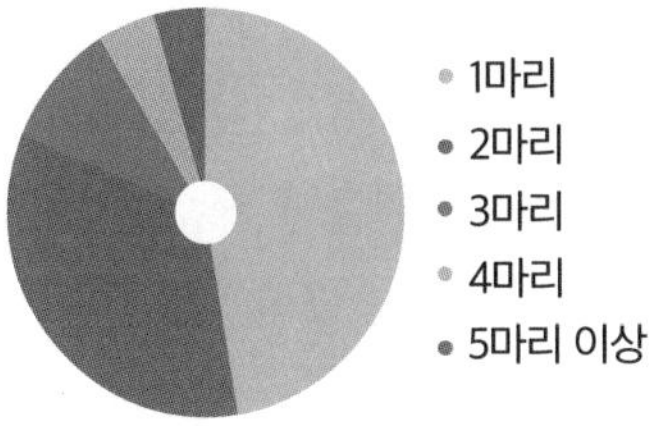

1마리	48%
2마리	32%
3마리	10%
4마리	5%
5미리 이상	3%

"1마리에서 2마리!"

그림 5.4 **현재 키우는 반려견 마리 수**

"현재 키우는 반려견은 몇 마리인가요?"라는 질문에 1마리 48%, 2마리 32%, 3마리 10%, 4마리 5%, 5마리 이상이 3%의 비율로 나타났다. 평균적으로 반려견을 키우는 일반 가정에서는 보통 한두 마리를 키우는 것을 확인할 수 있다.

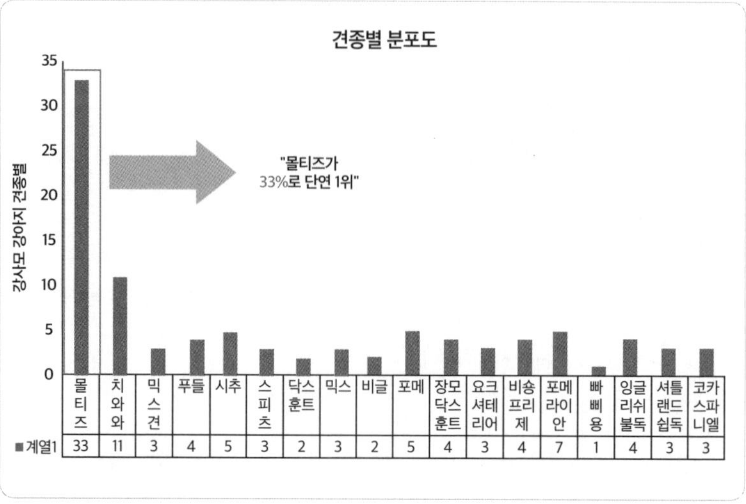

그림 5.5 견종 분포도

현재 키우는 강아지의 견종을 묻는 질문에는 몰티즈(Maltese) 33%, 치와와 11%, 믹스견 3%, 푸들 4%, 시추 5%, 스피츠(spitz) 3%, 닥스훈트 2%, 비글 2%, 포메 5%, 장모닥스훈트 4%, 요크셔테리어 3%, 비숑프리제 4%, 포메라니안 7%, 빠삐용 1%, 잉글리쉬불독 4%, 셔틀랜드쉽독 3%, 코카스파니엘이 3%로 나타났다. 설문에 참여한 회원들의 견종 중 단연 몰티즈가 33%로 1위를 차지하여 우리 주변에서 가장 많이 키우는 견종인 것을 확인했다.

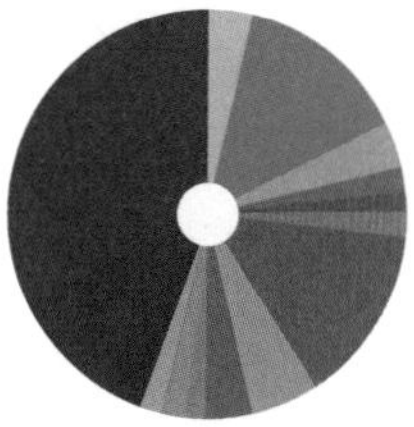

사료 종류	퍼센트		순위
내추럴밸런스	34	%	1위
로얄캐닌	32	%	2위
NOW	16	%	3위
오리젠	12	%	4위
건강백서	6	%	5위

"BIG 5 사료선정"

그림 5.6 **급여하는 사료의 브랜드**

"주로 구입하는 사료의 브랜드는 무엇인가요?"라는 질문에 내추럴밸런스 34%, 로열캐닌 32%, NOW 16%, 오리젠 12%, 건강백서 6%로 나타나 이상 다섯 가지 브랜드가 반려인들이 많이 찾는 BIG5 사료 브랜드로 선정되었다. 현재 선호도가 높은 내추럴밸런스 사료를 급여하는 다음 강사모 회원은 반려견이 그간 급여했던 사료 중에 내추럴밸런스 사료를 가장 잘 먹는다고 전했다. 사료는 강아지에게 사료를 처음 먹일 때 급여한 사료로 계속해서 동일하게 급여하는 경우가 많다. 그 이유는 강아지가 익숙한 사료를 선호하는 경향이 있기 때문이다. 강아지 입양 시 초기에 어떤 사료를 선정하여 급여하느냐에 따라 강아지의 건강상태가 달라질 수 있다. 따라서 사료 선택을 신중하게 해야 한다.

닭고기	25%
소고기	1%
야채	5%
양고기	0%
연어	23%
오리	10%
칠면조	10%
기타	21%
응답 없음	1%

" 닭고기, 연어 사료를 선호 "

그림 5.7 **급여 중인 사료의 주원료**

"급여 중인 사료의 주원료는 무엇인가요?"라는 질문에 닭고기 25%, 소고기 1%, 야채 5%, 연어 23%, 오리 10%, 칠면조 10%, 기타 21%로 대부분 닭고기와 연어를 사용한 사료를 선호하는 것으로 나타났다. 다음 강사모 회원들에게 급여하는 사료의 원재료를 직접 문의했을 때에도 닭고기 비율이 가장 높았다.

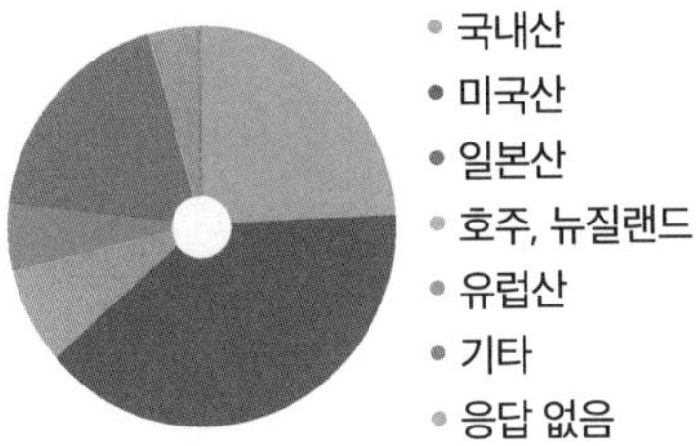

국내산	25%
미국산	41%
일본산	0%
호주, 뉴질랜드	7%
유럽산	3%
기타	19%
응답 없음	3%

" 미국산, 국내산 원산지 선호 "

그림 5.8 **사료의 원산지**

"급여 중인 사료의 원산지는 어디인가요?"라는 질문에 국내산 25%, 미국산 41%, 호주·뉴질랜드산 7%, 유럽산 3%, 기타 19%로 대부분의 소비자들이 해외 사료인 미국산 사료를 선호하는 것으로 나타났다. 해외에서는 사료의 등급에 맞추어 제작하는 규정을 잘 준수하기 때문에 소비자들에게 신뢰도 측면에서 높이 평가되고 있다.

5,000원 ~ 10,000원	10%
10,000원 ~ 15,000원	25%
15,000원 ~ 20,000원	25%
20,000원 이상 ~	37%
응답 없음	1%

" 20,000원 이상 지출 "

그림 5.9 **사료 구매 가격대**

"구입하는 사료의 가격대는 얼마입니까?(1KG 기준)"라는 질문에 5,000원~10,000원이 10%, 10,000원~15,000원 25%, 15,000원~20,000원 25%, 20,000원대 이상이 37%의 비율로 나타났다. 소비자들은 한 달 평균 사료에 20,000원 이상 지출하는 것으로 나타나고 있다. 1달에 소비하는 사료는 소형견에게 가장 많이 들어가며 1KG 기준 1포 정도는 매달 소비하는 것으로 확인되었다. 또한 최근에는 예전과 달리 가족으로서의 반려견으로 맞아들이면서 점점 고급 사료를 선호하는 경향이 늘고 있다.

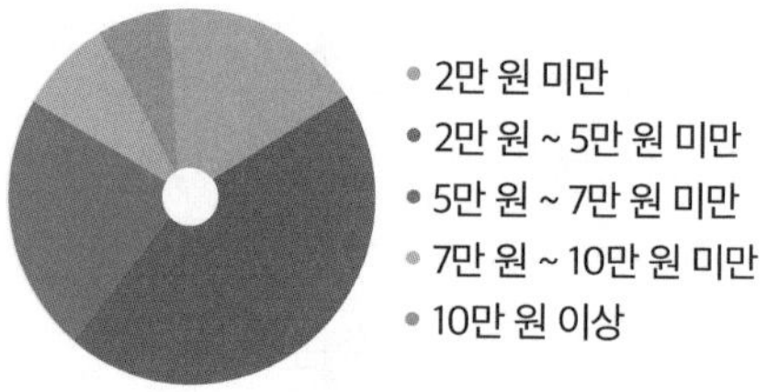

2만 원 미만	17%
2만 원 ~ 5만 원 미만	48%
5만 원 ~ 7만 원 미만	19%
7만 원 ~ 10만 원 미만	7%
10만 원 이상	7%

월 평균 2 ~ 5만 원 지출

그림 5.10 **사료 구입에 드는 월 평균 지출비용**

"한 달 기준으로 사료 구입에 드는 비용은 얼마입니까?"라는 질문에 2만 원 미만 17%, 2만 원~5만 원 미만 48%, 5만 원~7만 원 미만 19%, 7만 원~10만 원 미만 7%, 10만 원 이상이 7%로 월 평균 2~5만 원을 지출하는 것으로 확인되었다. 2016년 '디어마이펫' 사료 사건 이후에 소비자들은 저렴한 사료보다는 질 좋고 건강한 사료를 먹이겠다는 의견을 많이 내고 있다.

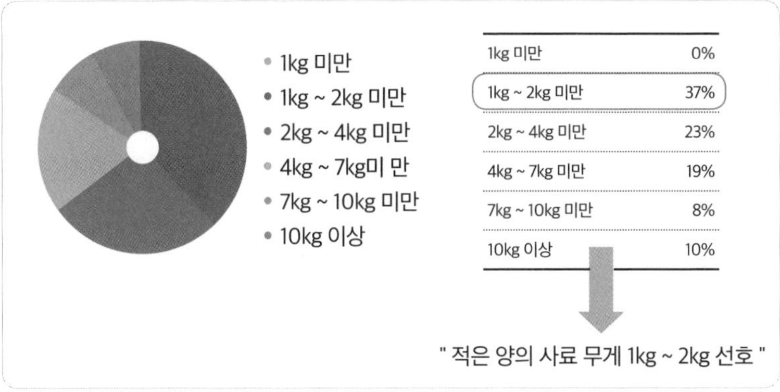

그림 5.11 소비자 선호 사료 무게

"사료 1회 구매 시 선호하는 사료의 무게는 얼마입니까?"라는 질문에 1KG~2KG 미만 37%, 2KG~4KG 미만 23%, 4KG~7KG 미만 19%, 7KG~10KG 미만 8%, 10KG 이상 10%로 소비자들은 대체로 한 번 구매할 때 1KG~2KG 무게가 나가는 적은 분량의 사료를 구입하는 것으로 나타났다. 대부분의 소비자들이 반려견으로 소형견을 많이 키우는 추세로, 적은 양의 사료를 선호하는 경향이 있다. 최근에는 사료의 소량화와 포장의 개별화를 통해 보관과 품질이 좋은 사료들이 증가하고 있다.

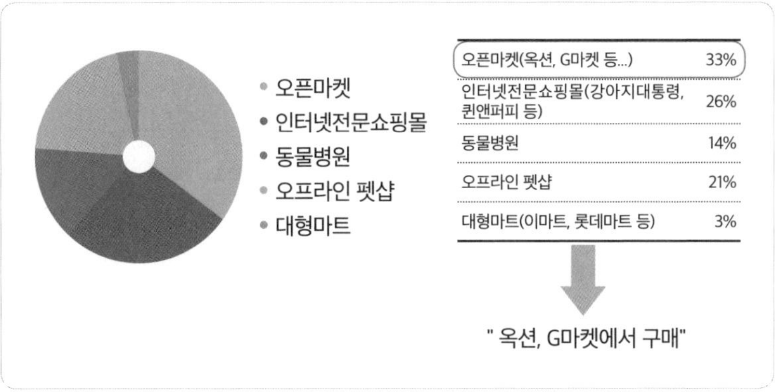

그림 5.12 사료 구매처

"사료는 주로 어디에서 구입하시나요?"라는 질문에 오픈마켓 33%, 인터넷전문쇼핑몰 26%, 동물병원 14%, 오프라인 펫샵 21%, 대형마트 3%로 옥션, G마켓 등의 오픈마켓에서 구매하는 것을 선호하는 것으로 나타났다. 2016년 11월에 실시한 설문조사 당시에는 옥션, G마켓을 통한 구매 비율이 높았지만, 2017년 4월에 실시한 설문조사에서는 오프라인 펫샵과 인터넷전문쇼핑몰을 통한 구매 비율이 증가한 것으로 확인되었다. 2016년에 있었던 사료 사건으로 신뢰도가 감소하면서 소비자들의 구매 경향이 온라인보다는 오프라인에서 직접 보고 구매하려는 경향으로 차츰 바뀌어 가고 있다.

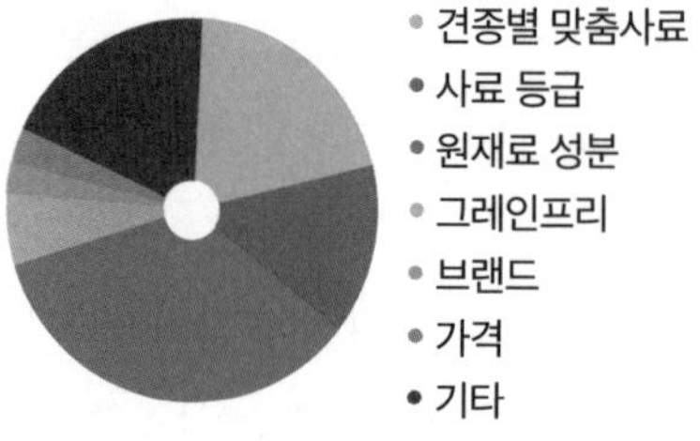

견종별 맞춤사료	23%
사료 등급	14%
원재료 성분	33%
그레인프리 (GRAIN FREE)	7%
브랜드	3%
가격	1%
기타	16%

" 원 재료 성분 "

그림 5.13 **사료 선택 시 우선적 고려사항**

"사료 선택 시 첫 번째로 고려해야 하는 사항은 무엇인가요?"라는 질문에 견종별 맞춤사료 23%, 사료 등급 14%, 원재료 성분 33%, 그레인프리(Grain-Free) 7%, 브랜드 3%, 가격 1%, 그 외 기타가 16%로 나타났다. 소비자들은 반려견에 건강한 사료를 급여하기 위하여 원재료 성분에 대해 많은 관심을 가지고 사료를 선정하는 것으로 나타났다. '원재료 성분'에 응답한 소비자에게 질문한 결과 사료를 선정할 때 어떤 원재료를 사용했는가에 가장 큰 비중을 두어 살펴본다고 답했다.

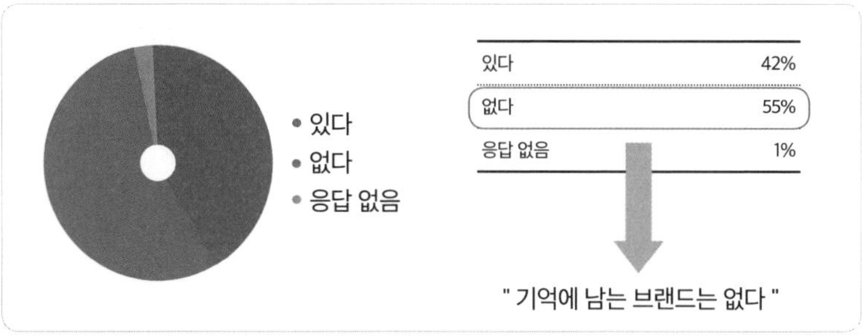

그림 5.14 기억에 남는 국내 사료 브랜드

"대한민국 사료 중에 기억에 남는 브랜드가 있나요?"라는 질문에 '있다'라고 말한 응답자가 42%, '없다'가 55%로 나타났다. 대체로 소비자들은 기억에 남는 국내 사료 브랜드가 없다고 답했다. '없다'고 말한 소비자에게 이유를 묻자 소비자들은 해당 사료를 급여하여 강아지가 특별히 건강해졌는지 잘 모르겠다고 답했다. 사료에 대하여 소비자들의 불신이 증가하고 있는 만큼 생식을 준비하거나 펫푸드에 대해 공부하여 사료를 직접 제작해 급여하는 사례도 점차 늘어나고 있다. 이에 따라 '펫푸드 강좌' 등이 새롭게 떠오르고 있다.

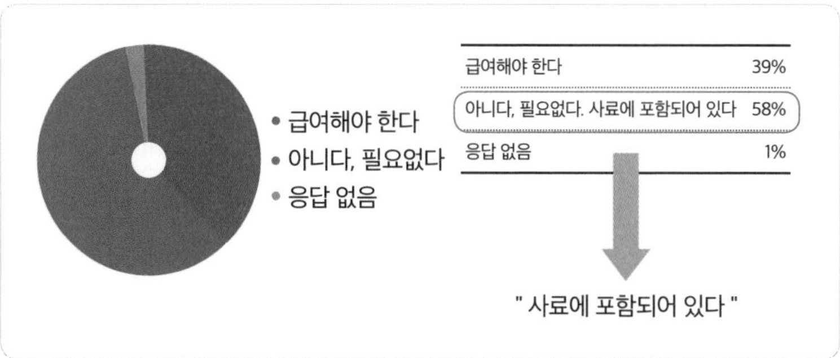

그림 5.15 비타민 급여 여부

"비타민은 급여해야 하는가?"라는 질문에 '급여해야 한다'가 39%, '아니다, 사료에 포함되어 있으므로 필요없다'가 58%를 기록했다. 꽤 많은 소비자들이 '사료에 비타민이 포함되어 있다'고 말했으나 현재 시판되고 있는 국내외 사료를 살펴보면 도리어 영양소가 매우 부족한 것을 알 수 있다. 반려견을 건강하게 잘 키우기 위해서는 반려견의 건강 상태에 맞는 비타민 영양제 급여가 반드시 필요하다. 이러한 점 때문에 실질적인 반려견 보호자의 교육이 시급한 상황이다.

반려동물 산업 빅데이터 분석 — 동물병원 부문

① 서울	19%
② 경기	34%
③ 인천	5%
④ 부산	4%
⑤ 대구	4%
⑥ 광주	4%
⑦ 대전	7%
기타	20%
응답 없음	0%

그림 5.16 동물병원 설문조사 거주 지역

응답자의 거주 지역을 조사한 결과 서울 19%, 경기 34%, 인천 5%, 부산 4%, 대구 4%, 광주 4%, 대전 7% 기타 20%의 분포를 나타냈다. 서울과 경기 지역을 합하면 총 53%로 수도권 중심으로 반려동물을 키우는 사람들의 관심이 많이 나타났다.

① 몰티즈	21%
② 포메라니안	6%
③ 치와와	4%
④ 시추	10%
⑤ 푸들	9%
기타	46%
응답 없음	0%

그림 5.17 **반려견 종류**

응답자의 반려견 견종을 조사한 결과 몰티즈 21%, 포메라니안 6%, 치와와 4%, 시추 10%, 푸들 9%, 기타 46%로 나타났다. 기타 견종에는 요크셔테리어, 코카스파니엘, 슈나우저가 있다. 몰티즈가 국민견(犬)으로 불리는 만큼 가장 많은 비율을 차지했다.

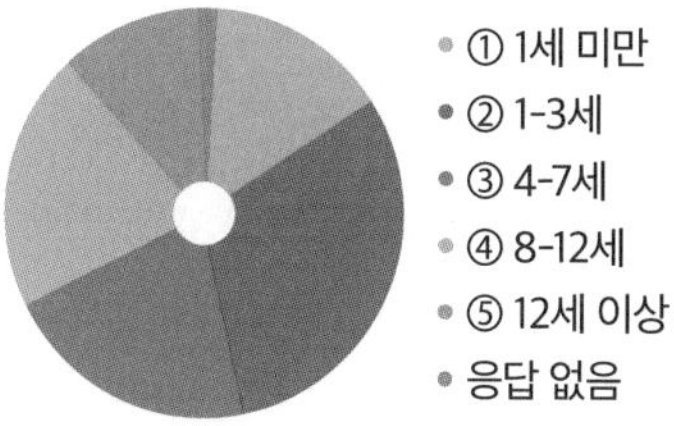

① 1세 미만	13%
② 1-3세	33%
③ 4-7세	22%
④ 8-12세	18%
⑤ 12세 이상	11%
응답 없음	0%

그림 5.18 **반려견 나이**

반려견의 나이를 조사한 결과 1세 미만 13%, 1~3세 33%, 4~7세 22%, 8~12세 18%, 12세 이상이 11%였다. 1~7세의 반려견을 키우는 반려인이 많은 관심을 가지고 본 설문에 참여했다. 그러나 규정된 반려견 나이에 대하여 저마다 다르게 인지하기 때문에 내용을 표준화하여 대체로 공감할 수 있도록 표현하는 것이 필요하다.

① 집과의 거리	13%
② 병원 인테리어	0%
③ 주차시설의 편리성	0%
④ 수의사학력 및 경력	6%
⑤ 지인소개	7%
⑥ 수의사 인지도	13%
⑦ 친절함과 따뜻함	12%
⑧ 반려동물을 얼마나 편안하게 다루는지	34%
⑨ 미용서비스가 제공되고 있는지	0%
⑩ 용품이 다양하게 제공되는지	0%
⑪ 진로비용	2%
기타	9%
응답 없음	0%

그림 5.19 **동물병원을 선택하는 기준**

"동물병원을 처음 선택할 때 어떤 점을 가장 중요하게 생각합니까?"라는 질문에 각각 집과의 거리가 가까운가 13%, 수의사의 학력 및 경력 6%, 수의사 인지도 13%, 친절함과 따뜻함 12%, 반려동물을 얼마나 편안하게 다루는가 34%, 진료비용 2%, 기타 9%로 나타났다. 기타로는 '견주와 소통이 잘 되는가'와 '사명감을 가지고 책임감 있게 운영하는가' 등이 있었다. 과잉진료에 대해서도 꽤 많은 의견이 나왔는데, 진실하게 진료하고 과잉진료를 하지 않는다고 느껴지는 병원인지와 병원의 평판이 점차 동물병원을 선택하는 데에 중요한 기준이 되고 있다.

① 거리가 멀어서	5%
② 주차시설이 불편해서	0%
③ 병원 환경이 좋지 않아서	3%
④ 야간 및 응급진료를 제공하지 않아서	7%
⑤ 진료장비가 부족해서	1%
⑥ 진료 기술이 떨어져서	21%
⑦ 불친절하고 반려견을 함부로 대해서	23%
⑧ 진료 후 관리가 소홀해서	7%
⑨ 미용서비스가 제공되지 않아서	0%
⑩ 용품이 다양하지 않고 비싸서	0%
⑪ 진로비용이 비싸서	9%
기타	17%
응답 없음	3%

그림 5.20 동물병원을 재방문하지 않는 이유

"처음 방문한 병원을 재방문하지 않는 이유는 무엇입니까?"라는 질문에는 거리가 멀어서 5%, 병원 환경이 좋지 않아서 3%, 야간 및 응급진료를 제공하지 않아서 7%, 진료장비가 부족해서 1%, 진료기술이 떨어져서 21%, 불친절하고 반려견을 함부로 대해서 23%, 진료 후 관리가 소홀해서 7%, 진료비용이 비싸서 9%, 기타 17%로 나타났다. 기타 이유로는 '불필요한 진료 및 검사를 강요', '진료가 시급한데도 진료시간에 다시 오라고 말하는 수의사에게 신뢰가 떨어짐', '내용을 명확하고 조리있게 설명하지 못하고 이미 아는 내용만 추상적으로 계속 반복함', '주변 이용 고객들의 평이 안 좋음' 등의 의견이 있었다. 많은 소비자들이 현재 대한민국 동물병원에서 이루어지는 진료에 대해 그다지 신뢰하지 않았다. 과잉진료와 높은 진료비, 그리고 불친절한 태도에 불만을 표출했다.

네	52%
아니오	43%
응답 없음	4%

그림 5.21 **동물병원 평생 주치의**

"현재 내원하는 동물병원의 선생님을 평생 주치의로 생각하십니까?"라는 질문에 '네'라고 대답한 응답자 비율이 52%, '아니오'가 43%로 나타났다. '네'라고 응답한 보호자들의 이유에는 '반려견에 대해 잘 알고 친밀하게 대하여 반려견이 수의사를 무서워하지 않음', '과잉진료 및 용품 구매 등을 강요하지 않음', '완벽하진 않아도 양심적이고 솔직하다고 생각이 듦', '반려견을 사랑하는 마음이 느껴지고 세심하게 진찰함', '진료비용이 양심적이고 늘 친절함', '최신 의료장비 구축과 오랜 경험을 바탕으로 한 폭넓은 임상경험', '늦은 시간에도 친절한 전화응대' 등이 있다.

이를 종합하여 보면 한 수의사를 평생 주치의로 삼는 기준으로 다음과 같이 정리할 수 있다.

1) 반려견을 진심으로 사랑함이 느껴지는 모습
2) 철학이 뚜렷한 모습
3) 보호자에 대한 배려가 있는 모습
4) 과잉진료를 하지 않는 모습

반면 ‘아니오’라고 대답한 43%의 응답자는 수의사에게 실망한 부분이 너무 많았다. 이유로는 ‘강아지를 돈을 버는 수단으로 생각하고 상술을 부림’, ‘전체적으로 나쁘지는 않으나 이사 등으로 거리가 멀어짐’, ‘치료 후 사후관리에 미흡함’, ‘사람병원처럼 수의사도 전문의가 나뉘므로 특정 분야를 잘 보는 전문 병원에 가기 희망’ 등이 있다.

이를 종합하여 보면 한 수의사를 평생 주치의로 여기지 않는 이유에 대해 다음과 같이 정리할 수 있다.

1) 돈을 버는 수단으로 생각하는 모습
2) 상술을 부리는 모습
3) 사후관리에 미흡함
4) 전체적으로 미흡한 진료

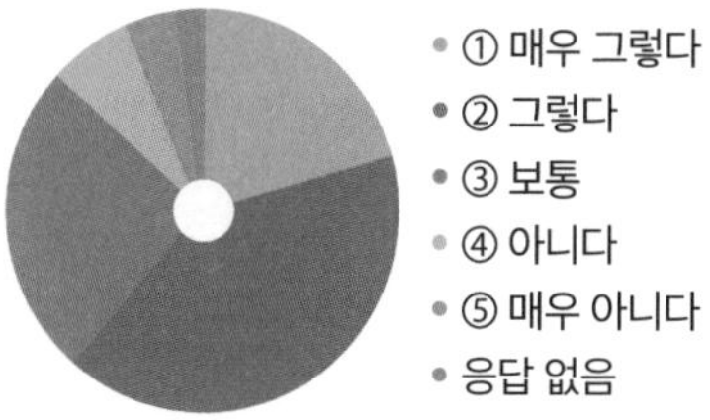

① 매우 그렇다	23%
② 그렇다	37%
③ 보통	24%
④ 아니다	8%
⑤ 매우 아니다	4%
응답 없음	1%

그림 5.22 **보호자&수의사&직원과의 소통**

“동물병원의 수의사 및 직원들과 소통이 잘 되고 있다고 생각하십니까?”라는 질문에 ‘매우 그렇다’ 23%, ‘그렇다’ 37%, ‘보통’ 24%, ‘아니다’ 8%, ‘매우 아니다’ 4%로 나타나 대부분의 동물병원들이 보호자와 소통하는 데에 많은 관심을 기울이는 것으로 확인되었다.

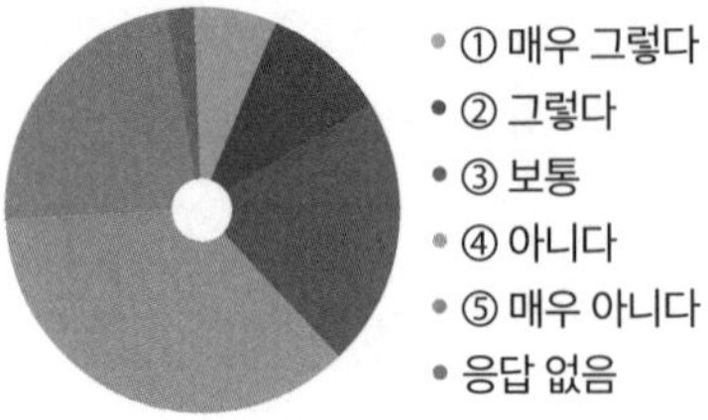

① 매우 그렇다	6%
② 그렇다	10%
③ 보통	19%
④ 아니다	37%
⑤ 매우 아니다	24%
응답 없음	1%

그림 5.23 **보호자 교육**

"동물병원 또는 수의사 단체에서 진행하고 있는 '보호자 교육'에 대하여 이해하고 계십니까?"라는 질문에 '매우 그렇다' 6%, '그렇다' 10%, '보통' 19%, '아니다' 37%, '매우 아니다' 24%로 나타났다. 현재 동물병원에서 다양한 보호자를 대상으로 교육을 진행하고 있으나 소통상에 많은 문제가 있어 실제 보호자들이 제대로 인지할 수 없거나 마케팅 홍보가 제대로 이루어지지 않아 알지 못해서 참여하지 못한 경우가 많았다. 동물병원은 보호자들에게 이러한 교육에 대하여 어떻게 알리고 홍보할 것인지에 대한 고민을 지속적으로 해야 한다.

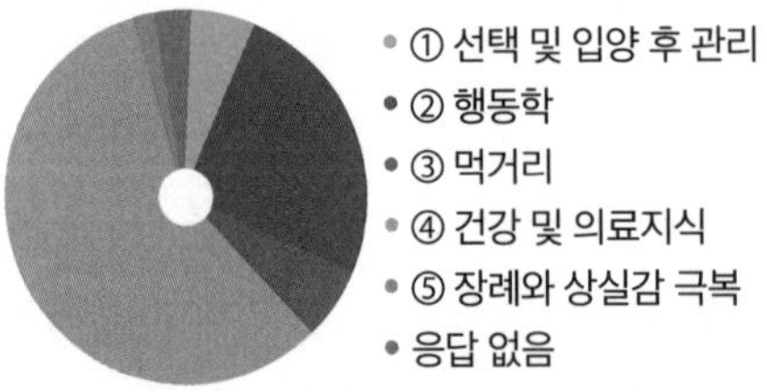

① 반려동물 선택 및 입양 후 관리	8%
② 반려동물 행동학	23%
③ 반려동물 먹거리	4%
④ 반려동물 건강 및 의료지식	57%
⑤ 반려동물 장례와 상실감 극복	2%
응답 없음	4%

그림 5.24 **보호자 교육의 적합한 주제 선택**

"'보호자 교육'의 주제 중 가장 흥미로운 주제는 무엇입니까?"라는 질문에 반려동물 선택 및 입양 후 관리 8%, 반려동물 행동학 23%, 반려동물 먹거리 4%, 반려동물 건강 및 의료지식 57%, 반려동물 장례와 상실감 극복 2%로 나타났다. 특히 반려동물을 키우는 보호자들이 가장 많이 관심을 가지는 분야는 반려동물 행동학과 반려동물 건강 및 의료지식이었다.

보호자에게 설명할 때 수의사의 용어로 내용을 전달하거나 어렵게 설명함으로써 보호자가 알아듣지 못하고 잘못 이해하는 경우가 많았다. 수의사와 보호자가 좀 더 원활하게 소통하기 위해서는 상대방의 눈높이에 맞추어 쉽게 풀어 설명할 수 있는 전문가적인 표현이 필요하다.

반려동물 보호자에게 동물병원이란 반려견이 아프더라도 자신과 끊어지지 않고 함께 더 잘 살아갈 수 있는 생명의 연결고리와 같다. 생명과 연결된 곳이기에 꼭 가야 하는 곳인 만큼 동물병원이 강아지와의 소통을 도와주는 통역사 역할을 해 주었으면 한다.

다음 강사모의 한 회원은 이렇게 말했다. "때론 아픔을 주기도 하지만 저와 아롱이를 행복하게 할 '동아줄'이 되기도 하죠. 반려동물을 내 가족처럼 사랑해 줄 의사선생님이 많길 소원합니다." 이처럼 보호자들은 부담스러운 진료비가 개선되고 반려동물들이 지금보다 나은 환경에서 치료받기를 바랐다.

0) 유기동물 보호소에서 봉사한 경험이 있나요?

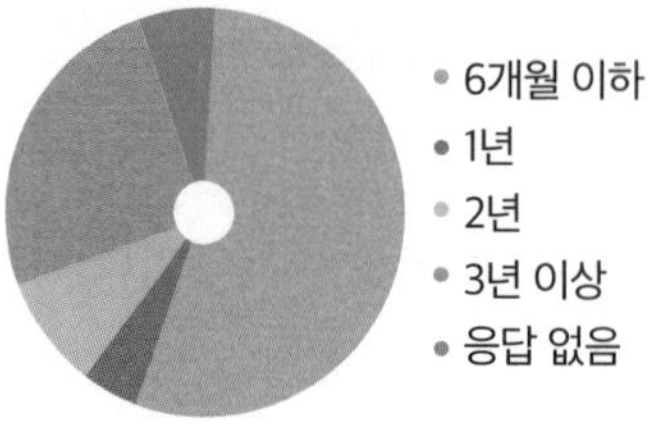

6개월 이하	55%
1년	5%
2년	11%
3년 이상	22%
응답 없음	5%

그림 5.25 유기동물 보호소 봉사 경험

"유기동물 보호소에서 봉사한 경험이 있나요?"라는 질문에 응답자의 봉사 경험 수치가 각각 6개월 이하 55%, 1년 5%, 2년 11%, 3년 이상 22%로 나타났다. 6개월 이하로 응답한 사람들은 인터넷이나 SNS, 또는 지인의 소개로 봉사활동에 참여한 경우가 많았다. 또한 여러 단체와 기관에서 실시하고 있는 캠페인의 일환으로 참가한 경우도 많은 것으로 나타났다.

1) 현재 거주 지역은 어디입니까? (기타 문항일 경우 지역을 기재하여 주세요)

서울	22%
경기	22%
인천	11%
부산	5%
대구	5%
대전	5%
광주	5%
기타	22%

그림 5.26 유기동물 보호소 설문조사 참여자의 거주 지역

봉사활동 경험이 있는 응답자의 현재 거주 지역을 조사한 결과 서울 22%, 경기 22%, 인천 11%, 부산 5%, 대구 5%, 대전 5%, 광주 5%, 기타 22%로 서울 및 경기도 지역의 비율이 높았다. 이는 서울, 경기도 등 수도권 중심으로 단체나 기관의 홍보가 활성화되어 있고 다양한 캠페인을 함께 진행하기 때문인 것으로 밝혀졌다.

2) 연령대는 어떻게 되시나요?

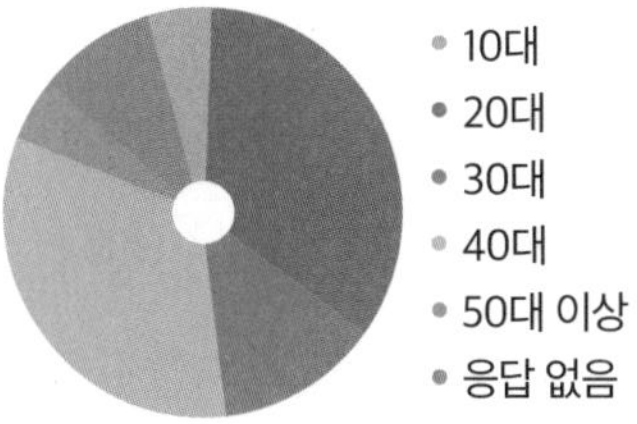

10대	5%
20대	33%
30대	11%
40대	33%
50대 이상	5%
응답 없음	11%

그림 5.27 **유기견 보호소 설문조사 참여자 나이**

연령대를 묻는 질문에 10대 5%, 20대 33%, 30대 11%, 40대 33%, 50대 이상 5%로 나타났다. 이번 설문에는 20대, 40대의 참가자들이 적극적으로 설문에 참여했다.

시설 기준 및 사전 검수

다음은 유기동물 보호소의 시설 기준 및 사전 검수에 대한 설문조사 내용이다.

1) 유기동물 보호소 위탁자 및 위탁업체의 선정 기준을 알고 있는가?

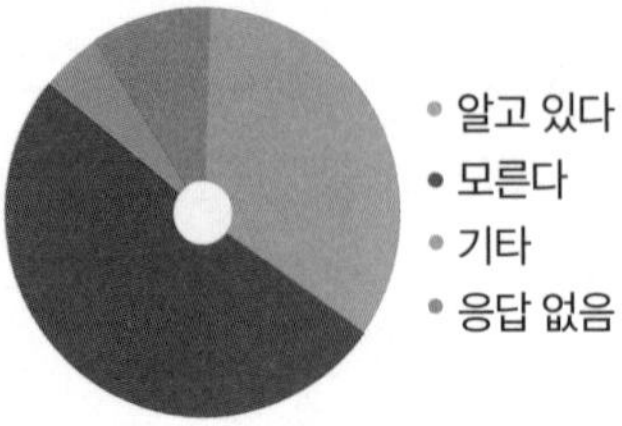

선정 기준을 알고 있다.	33%
선정 기준을 모른다.	50%
기타	5%
응답 없음	11%

그림 5.28 **유기견 보호소 위탁자 및 위탁업체 선정기준**

"유기동물 보호소의 위탁자 및 위탁업체 선정기준을 알고 있는가?"라는 질문에 '알고 있다'가 33%, '모른다'가 50%로 나타났다. 현재 많은 유기동물 보호소가 있지만 전반적으로 환경이 열악하기 때문에 위탁자나 위탁업체에 대해 표준화된 선정기준이 마련되어 있지 않다.

2) 한 달 또는 일 년 동안 보호소로 들어오는 유기동물의 개체수를 알고 있는가?

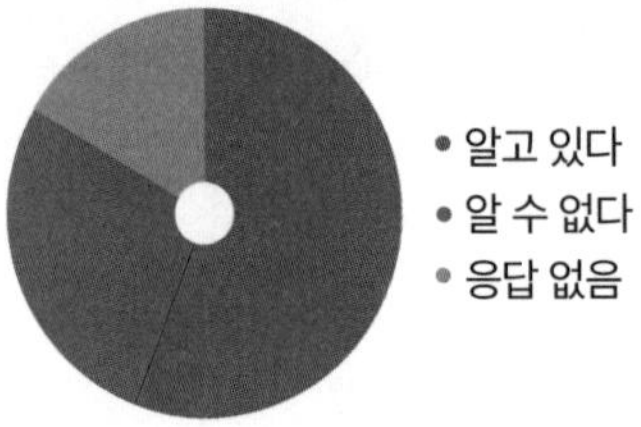

개체수에 대해 알고 있다.	55%
개체수에 대해 알 수 없다.	27%
응답 없음	16%

그림 5.29 **유기동물 설문조사 유기동물의 개체수**

"한 달 또는 일 년 동안 보호소에 들어오는 유기동물의 개체수를 알고 있는가?"라는 질문에 '알고 있다'가 55%, '알 수 없다'가 27%로 나타나 대부분 개체수에 대한 정보는 유기동물 보호소에서 잘 공유되고 있는 것으로 보인다.

3) 유기동물에 대한 조사는 제대로 이루어진다고 생각하는가?

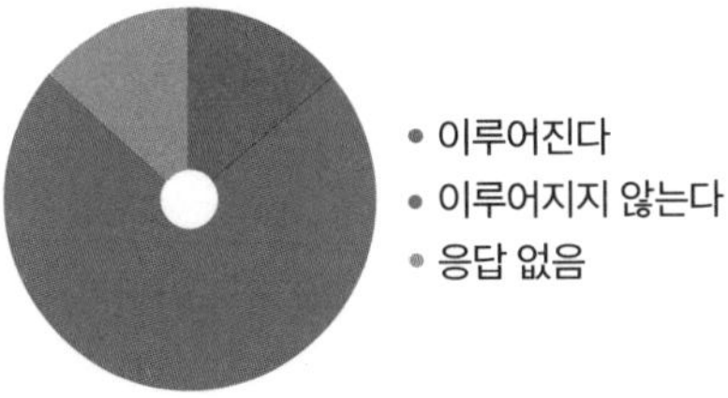

유기동물에 대해 조사가 제대로 이루어진다.	11%
유기동물에 대해 조사가 이루어지지 않는다.	77%
응답 없음	11%

그림 5.30 **유기동물 실태조사**

"유기동물에 대한 조사는 제대로 이루어진다고 생각하는가?"라는 질문에 '이루어진다'가 11%, '이루어지지 않는다'가 77%로 나타났다. 유기동물 봉사 활동에 참여한 사람들끼리 서로 커뮤니케이션하지 않기에 유기동물 조사가 제대로 이루어진다고 볼 수 없었다.

4) 유기동물 보호소 입소 직후 수의사의 진료가 이루어지는가?
동물병원 연계가 되어 있는가?

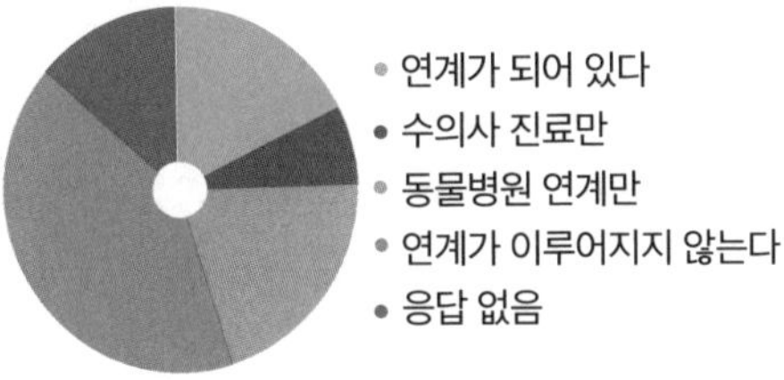

수의사 진료와 동물병원 연계가 되어 있다	16%
수의사 진료만 이루어진다.	5%
동물병원 연계만 되어있다.	22%
수의사 진료와 동물병원 연계가 이루어지지 않는다.	44%
응답 없음	11%

그림 5.31 **유기동물 보호소 수의사 진료**

"유기동물 보호소 입소 직후 수의사의 진료가 이루어지도록 연계가 되어 있는가?"라는 질문에 '연계가 되어 있다' 16%, '수의사 진료만 이루어진다' 5%, '연계만 되어 있다' 22%, '연계가 이루어지지 않는다' 44%로 나타났다. 제대로 연계가 이루어지지 않는 열악한 유기동물 보호소들이 많이 존재하고 있다.

5) 유기동물 보호소 입소 직후 동물의 건강상태를 관찰하기 위해 2-3일간 격리가 이루어 지는가?

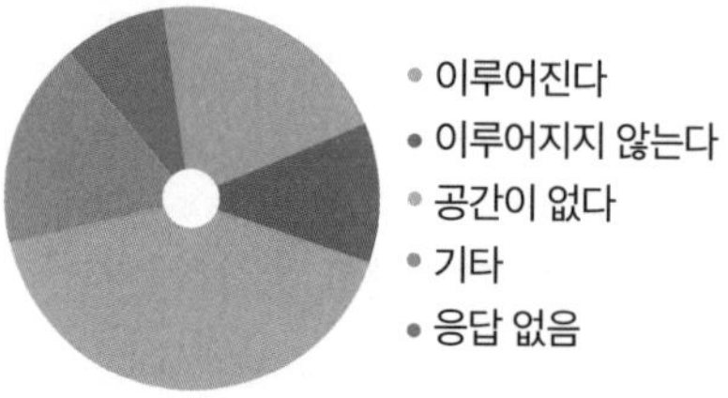

2-3일 유기동물에 대한 격리가 이루어진다.	22%
유기동물에 격리가 이루어지지 않는다.	11%
유기동물을 격리할 수 있는 공간이 없다.	38%
기타	16%
응답 없음	11%

그림 5.32 건강상태 관찰 위한 2-3일간 격리수용

"유기동물 보호소 입소 직후 동물의 건강상태를 관찰하기 위해 2~3일간 격리가 이루어지는가?"라는 질문에 '격리가 이루어진다' 22%, '이루어지지 않는다' 11%, '격리할 수 있는 공간이 없다' 38%로 나타나 봉사에 참여한 사람들은 격리할 수 있는 공간이 없다는 사실을 가장 크게 지적했다. 실제 유기동물 보호소의 환경이 개선되기에는 지금의 처한 현실이 너무 열악하기만 하다. 실제적으로 함께 고민하고 개선해 나가는 모습이 필요하다.

6) 보호되는 동물의 수에 비해 공간의 면적은 적절한가?

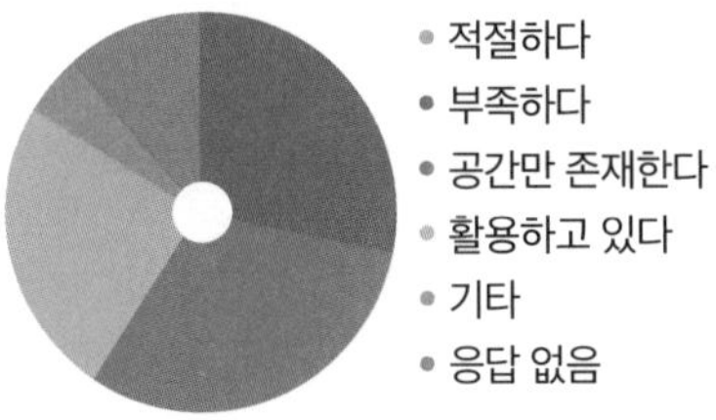

유기동물을 위한 공간 면적이 적절하다.	0%
유기동물을 위한 공간이 부족하다.	27%
유기동물을 위한 철장 등 열악한 공간만 존재한다.	27%
개별 공간이 아닌 방치하는 형태의 공간을 활용하고 있다.	27%
기타	5%
응답 없음	11%

그림 5.33 **유기동물 보호소의 공간 면적**

"유기동물 보호소의 공간 면적은 동물의 수에 비해 적절한가"라는 질문에 대다수의 참여자들은 공간이 열악한 채로 방치되는 것을 안타깝게 여겼다. '공간이 부족하다' 27%, '열악한 공간만 존재한다' 27%, '방치하는 형태의 공간을 활용하고 있다' 27%로, 공간을 개선해야 할 보호소가 무척 많은 것이 현실이다.

7) 유기동물 보호소에 입소한 유기동물의 잠자리는 편안하며, 보호공간이 청결하고 건조하게 유지되고 있는가?

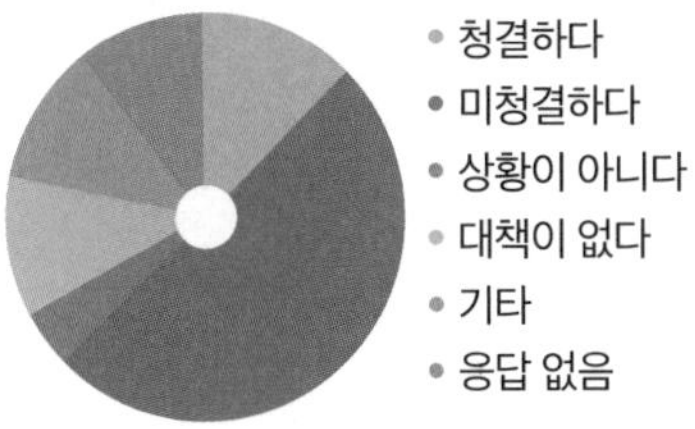

유기동물 보호소는 전반적으로 청결하다.	11%
유기동물 보호소는 전반적으로 미청결하다.	50%
유기동물 보호소를 청소할 수 있는 상황이 아니다.	5%
청소에 대한 대책이 없다.	11%
기타	11%
응답 없음	11%

그림 5.34 **유기동물 보호소의 청결 상태**

"유기동물의 잠자리가 편안하며, 보호공간이 청결하고 건조하게 유지되고 있는가?"라는 질문에 '미청결하다'로 답한 비율이 50%로 나타났다. 대부분의 봉사자들은 환경이 열악하고 직원이 많이 부족한 점을 들어 이에 대한 지원이나 개선이 필요하다고 말했다.

8) 유기동물 보호소 내 조명의 밝기가 적절한가?

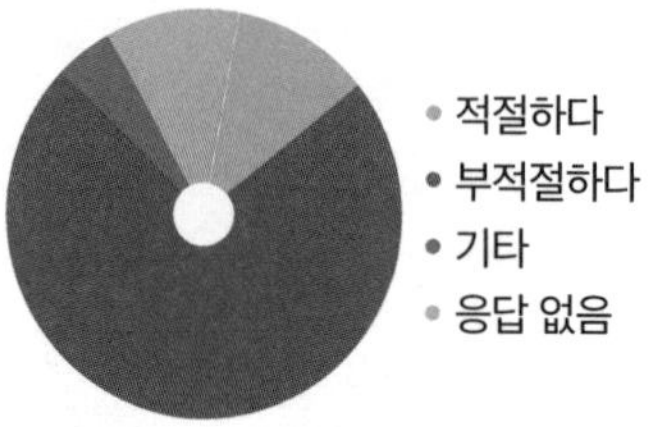

유기동물 보호소의 조명이 적절하다.	11%
유기동물 보호소의 조명이 부적절하다.	72%
기타	5%
응답 없음	11%

그림 5.35 **유기동물 보호소 내 조명의 밝기**

"유기동물 보호소 내 조명의 밝기가 적절한가?"라는 질문에 '조명이 적절하다'는 의견이 11%, '조명이 부적절하다'는 의견이 72%로 나타났다. 환경적으로 지원이나 도움이 필요한 상황이다.

9) 매일 한 번 혹은 그 이상 청소가 이루어지고 있는가?

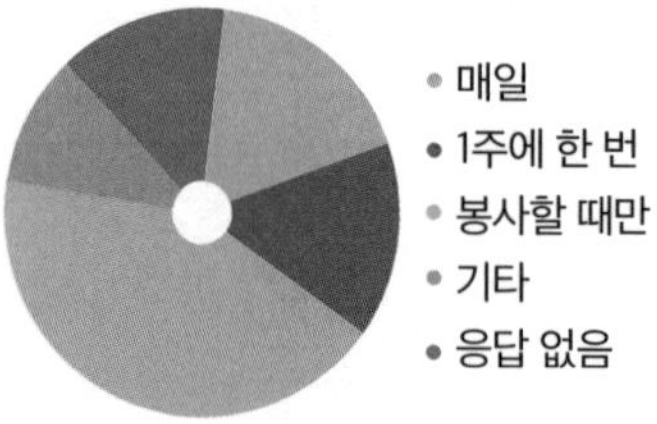

매일 청소가 이루어진다.	16%
1주에 한 번 청소가 이루어진다.	16%
봉사자들이 봉사할 때만 청소가 이루어진다.	44%
기타	11%
응답 없음	11%

그림 5.36 **유기동물 보호소 내 적절한 청소**

"매일 한 번 혹은 그 이상 청소가 이루어지고 있는가?"라는 질문에 '이루어진다' 16%, '1주에 한 번 이루어진다' 16%, '봉사자들이 올 때만 청소가 이루어진다' 44%로 나타나 대부분의 경우가 봉사자들의 봉사로 진행되는 것을 알 수 있다.

10) 유기동물 보호소의 바닥은 배수가 잘 되는가?

바닥 배수가 잘 된다.	22%
바닥 배수가 잘 되지 않는다.	50%
기타	16%
응답 없음	11%

그림 5.37 **유기동물 보호소의 배수 상태**

"유기동물 보호소의 바닥은 배수가 잘 되는가?"라는 질문에 '배수가 잘 된다' 22%, '배수가 잘 되지 않는다' 50%로 나타났으며, 기타 의견으로 배수 공간이 없는 보호소들에 대한 내용도 있었다.

11) 유기동물 보호소의 급식, 급수는 항시적으로 이루어지고 있는가?

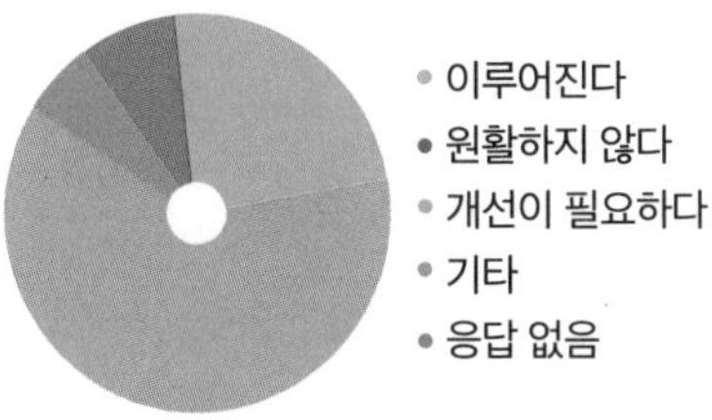

항시적으로 급식, 급수가 이루어진다.	22%
유기동물 보호소에 대한 급식 및 급수가 원활하지 않다.	0%
유기동물 보호소에 대한 급식, 급수 개선이 필요하다.	61%
기타	5%
응답 없음	11%

그림 5.38 **유기동물 보호소의 급식/급수 현황**

"유기동물 보호소의 급식/급수가 항시적으로 이루어지고 있는가?"라는 질문에 '항시적으로 이루어진다'가 22%, '급식/급수 개선이 필요하다'가 61%로 나타나 개선이 필요하다는 지적이 많이 나왔다.

12) 식기는 급식 이후 청결하게 유지되는가?

유기동물 보호소 식기는 청결하다.	11%
유기동물 보호소 식기는 미청결하다.	66%
기타	11%
응답 없음	11%

그림 5.39 **유기동물 보호소의 청결 유지 현황**

"유기동물 보호소의 식기는 급식 이후 청결하게 유지되는가?"라는 질문에 '그렇다' 11%, '그렇지 않다' 66%로 조사되어 위생에 대한 청결 유지를 위해 노력이 필요할 것으로 나타났다.

13) 신선한 음식물 공급을 위한 냉장시설이 있는가?

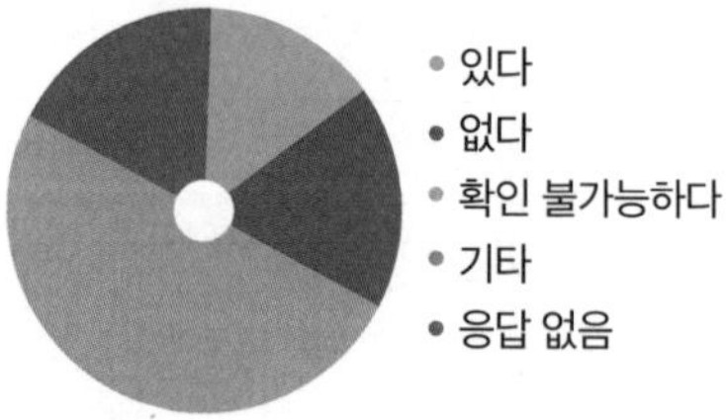

유기동물 보호소에 냉장시설이 있다.	16%
유기동물 보호소에 냉장시설이 없다.	16%
유기동물 보호소 냉장시설 확인이 불가능하다.	55%
기타	0%
응답 없음	11%

그림 5.40 **유기동물 보호소 내 냉장시설 유무**

"유기동물 보호소 내 신선한 음식물 공급을 위한 냉장시설이 있는가?"라는 질문에 '냉장시설이 있다' 16%, '냉장시설이 없다' 16%, '냉장시설 확인이 불가능하다' 55%로 나타났다. 전반적으로 냉장시설에 대한 지원이나 개선이 많이 필요하다.

14) 관리가 동물 개체별로 따로 이루어지고 있는가?

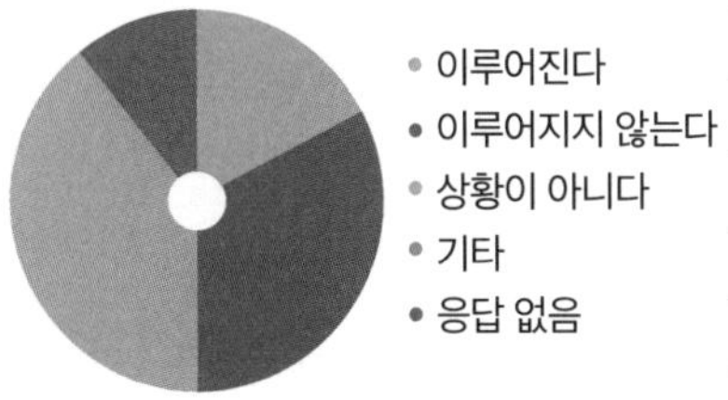

동물 개체별 관리가 이루어진다.	16%
동물 개체별 관리가 이루어지지 않는다.	33%
동물 개체별 관리를 할 수 있는 상황이 아니다.	38%
기타	0%
응답 없음	11%

그림 5.41 유기동물 보호소 내 동물 개체별 관리 여부

"관리가 동물 개체별로 따로 이루어지고 있는가?"라는 질문에 '동물 개체별 관리가 이루어진다' 16%, '동물 개체별 관리가 이루어지지 않는다' 33%, '동물 개체별 관리를 할 수 있는 상황이 아니다' 38%로 나타났다. 이는 보호소를 관리하는 인원 등에 정부나 기관의 제도적 지원이 미흡함을 꼽을 수 있다. 사회적으로 문제가 되고 있는 유기동물에 대해 체계적이고 지속적인 지원이 필요한 상황이다.

15) 냉방/난방 시설이 갖추어져 있는가?

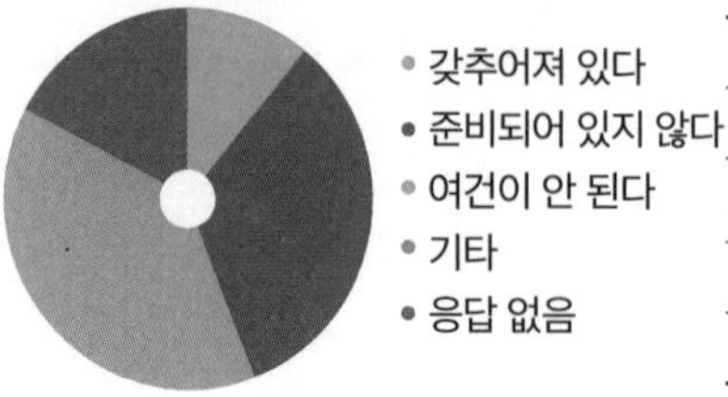

냉방/난방 시설이 갖추어져 있다.	11%
냉방/난방 시설이 준비되어 있지 않다.	33%
냉방/난방 시설을 시공할 수 있는 여건이 안 된다.	44%
기타	0%
응답 없음	11%

그림 5.42 **냉방/난방 시설**

"유기동물 보호소에 냉방/난방 시설이 갖추어져 있는가?"라는 질문에 '잘 갖추어져 있다' 11%, '갖추어져 있지 않다' 33%, '냉방/난방 시설을 시공할 수 있는 여건이 안 된다' 44%로 나타났다. 대부분의 유기동물 보호소 환경이 냉방/난방 시설을 갖추기에 여건이 좋지 못한 상황을 나타내고 있다.

복지 환경 설문

다음은 유기동물 보호소의 복지 환경에 대한 설문조사이다.

16) 유기동물 보호소 내 운동공간이 있는가?

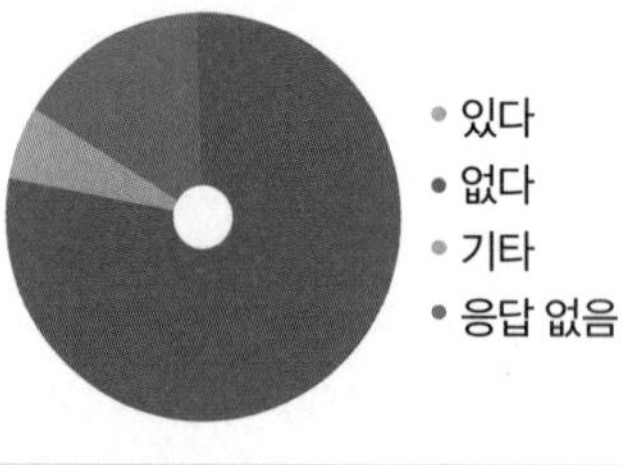

유기동물을 위한 운동공간이 있다.	0%
유기동물을 위한 운동공간이 없다.	77%
기타	5%
응답 없음	16%

그림 5.43 **유기동물 보호소 내 운동공간**

"유기동물 보호소 내에 운동공간이 있는가?"라는 질문에 '운동 공간이 없다'로 대답한 응답자의 비율이 77%로 나타나 대부분의 보호소가 운동공간으로서 환경적으로 제공할 수 있는 시설이 미비한 것으로 조사되었다.

17) 유기동물 보호소 내 활동공간은 안전한가?

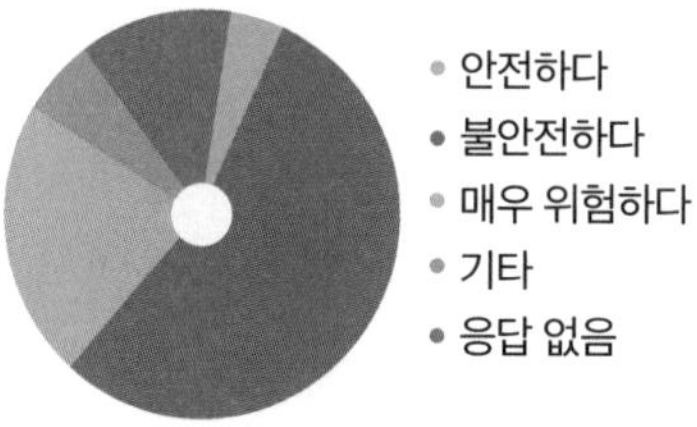

유기동물에 대한 활동공간이 안전하다.	5%
유기동물에 대한 활동공간이 불안전하다.	55%
유기동물에 대한 활동공간이 매우 위험하다.	22%
기타	5%
응답 없음	11%

그림 5.44 **유기동물 보호소 내 활동공간의 안정성**

"유기동물 보호소 내에 마련된 활동공간은 안전한가?"라는 질문에 '안전하다'가 5%, '불안전하다'가 55%, '매우 위험하다'가 22%로 나타났다. 유기동물을 위해 봉사하는 기관이나 단체들의 운영자들은 열악한 환경에서도 유기동물을 도우려는 사람들이 많다. 부유해서 돕는 것이 아니라 어려운 환경임에도 불구하고 함께 공감하기에 돕는 것이다.

18) 유기동물 보호소의 공간은 내구성 있는 재질로 이루어져 있는가?

유기동물 보호소의 공간은 내구성 재질이다.	11%
유기동물 보호소의 공간은 내구성 재질이 아니다.	66%
기타	11%
응답 없음	11%

그림 5.45 **내구성 재질 여부**

"유기동물 보호소의 공간은 내구성 있는 재질로 이루어져 있는가?"라는 질문에 '내구성 재질이다'가 11%, '내구성 재질이 아니다'가 66%로 나타났다. 대부분의 유기동물 보호소가 화재 시에는 매우 취약한 상황이다.

19) 유기동물 보호소의 고양이와 개는 따로 수용되어 있는가?

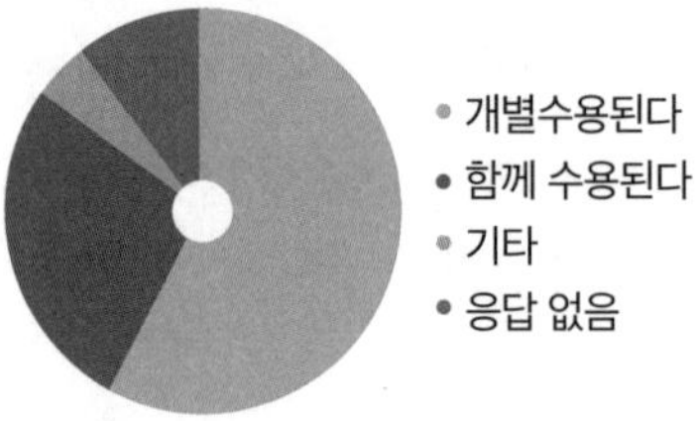

유기동물 보호소에 고양이와 개는 개별수용된다.	55%
유기동물 보호소에 고양이와 개는 함께 수용된다.	27%
기타	5%
응답 없음	11%

그림 5.46 **유기동물 보호소의 고양이와 개 격리 수용**

"유기동물 보호소의 고양이와 개는 따로 수용되어 있는가?"라는 질문에 '고양이와 개가 개별 수용된다' 55%, '고양이와 개가 함께 수용된다' 27%로 나타났다. 환경이 매우 열악한 상황이 아닌 경우를 제외하고는 대부분은 격리 수용하는 것으로 나타났다. 고양이와 개의 특성이 다르기 때문에 격리 수용은 반드시 필요하다.

20) 유기동물 보호소의 고양이 배설을 위한 모래는 갖추어져 있는가?

고양이 배설을 위한 모래가 있다.	22%
고양이 배설을 위한 모래가 없다.	50%
기타	16%
응답 없음	11%

그림 5.47 **고양이 배설 모래 마련 여부**

"유기동물 보호소에 고양이 배설을 위한 모래가 갖추어져 있는가?"라는 질문에 '고양이 배설을 위한 모래가 있다' 22%, '고양이 배설을 위한 모래가 없다' 50%로 나타났다. 유기동물 보호소에는 고양이 모래가 제대로 비치된 경우가 많지 않음을 알 수 있다. 실제 방문해 보면 모래 구입에 대한 경제적 부담이 가중되고 있음을 알 수 있다.

21) 유기동물을 위한 장난감은 보유하고 있는가?

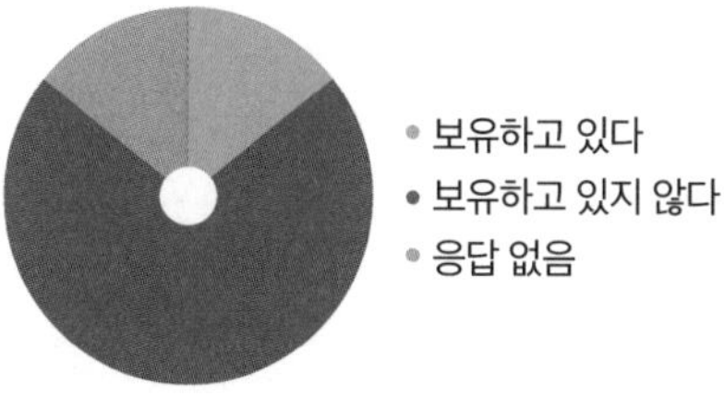

유기동물을 위한 장난감을 보유하고 있다.	11%
유기동물을 위한 장난감을 보유하고 있지 않다.	77%
응답 없음	11%

그림 5.48 **장난감 보유 현황**

"유기동물을 위한 장난감을 보유하고 있는가?"라는 질문에 '유기동물을 위한 장난감을 보유하고 있다' 11%, '유기동물을 위한 장난감을 보유하고 있지 않다' 77%로 대부분의 유기견 보호소에 유기동물을 위한 장난감이 턱없이 부족한 것으로 나타났다.

22) 유기동물 보호소의 경우 털 관리가 제대로 되고 있나?

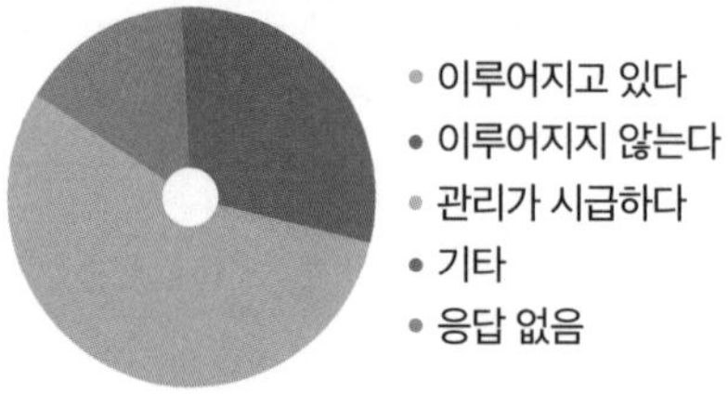

유기동물의 털 관리가 이루어지고 있다.	0%
유기동물의 털 관리가 이루어지지 않는다.	27%
유기동물의 피부병과 털 관리가 시급하다.	55%
기타	0%
응답 없음	16%

그림 5.49 **털 관리 상태**

"유기동물 보호소의 경우 털 관리가 제대로 되고 있나?"라는 질문에 '유기동물의 털 관리가 제대로 이루어지지 않는다' 27%, '유기동물의 피부병과 털에 대해 관리가 시급하다' 55%로 나타나 대부분의 유기동물 보호소들이 피부병과 털에 대해 관리를 제대로 하지 않는 것으로 조사되었다. 관리하는 동물 수에 비해 관리 인원이 턱없이 부족한 실정이다.

23) 유기동물 보호소에 수용되는 동물의 행동을 세심하게 관찰, 기록하고 있는가?

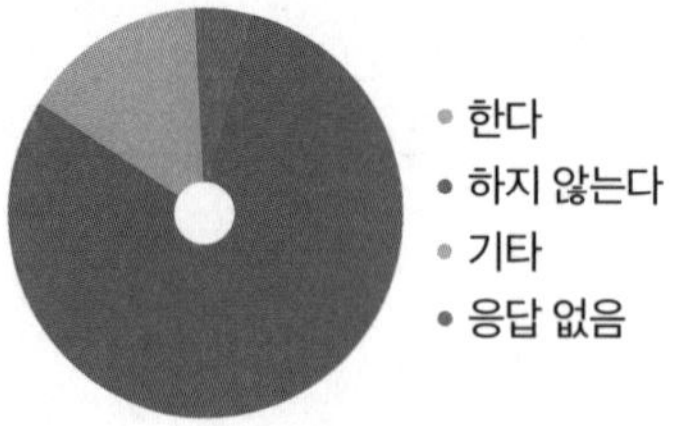

유기동물의 행동을 세심하게 관찰한다	5%
유기동물의 행동을 세심하게 관찰하지 않는다	77%
기타	0%
응답 없음	16%

그림 5.50 **유기동물의 행동 관찰 기록**

"보호소에 수용되는 동물의 행동을 세심하게 관찰/기록하고 있는가?"라는 질문에 '유기동물의 행동을 세심하게 관찰한다' 5%, '세심하게 관찰하지 않는다' 77%로 나타났다. 대부분의 유기동물 보호소는 관리하는 유기동물에 대해 세심한 관찰을 하기가 힘든 환경이다.

24) 유기동물의 재입양이 가능하도록 문제행동을 일으키는 동물의 교정이 이루어지는가?

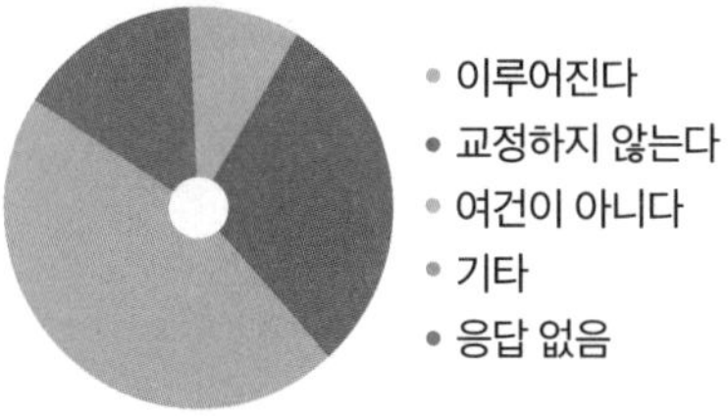

유기동물에 대한 행동 교정이 이루어진다.	11%
유기동물에 대한 행동 교정을 하지 않는다.	27%
유기동물에 대한 행동 교정을 할 수 있는 여건이 아니다.	44%
기타	0%
응답 없음	16%

그림 5.51 **유기동물의 문제행동 교정**

"유기동물의 재입양이 가능하도록 문제행동을 일으키는 동물의 교정이 이루어지는가?"라는 질문에 '유기동물에 대한 행동 교정이 이루어진다' 11%, '행동 교정을 하지 않는다' 27%, '행동 교정을 할 수 있는 여건이 아니다'가 44%로 나타났다.

유기동물 구조 기준

다음은 유기동물 구조 기준에 대한 설문조사이다.

25) 유기동물 발생 시 구조방법은 인도적으로 이루어지는가?

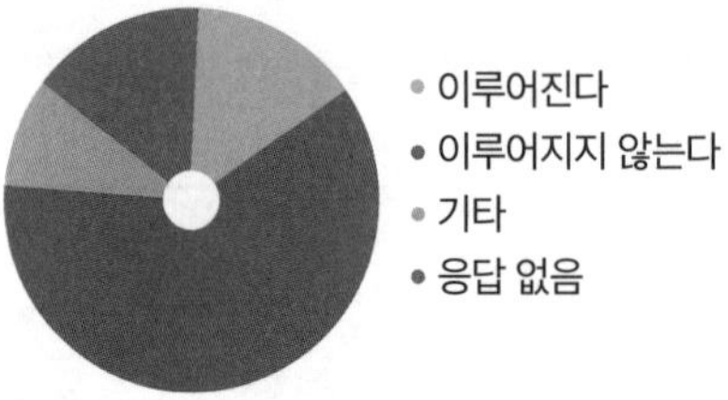

인도적으로 이루어진다.	16%
인도적으로 이루어지지 않는다.	61%
기타	5%
응답 없음	16%

그림 5.52 **유기동물 구조방법의 인도적 여부**

"유기동물 발생 시 유기동물 보호소의 구조방법은 인도적으로 이루어지는가?"라는 질문에 '인도적으로 이루어진다' 16%, '인도적으로 이루어지지 않는다' 61%로, 아직 구조에 있어 체계적으로 조직화된 구조방법이 없는 것으로 나타났다. 또한 상황에 따라 그때그때 대처하는 임시방편식으로 이루어지기 때문에 인도적인 구조방법을 이야기하기에는 아직 무리가 있는 것으로 나타났다.

26) 유기동물 보호소의 구조 직후 다친 동물의 응급 치료는 이루어지는가?

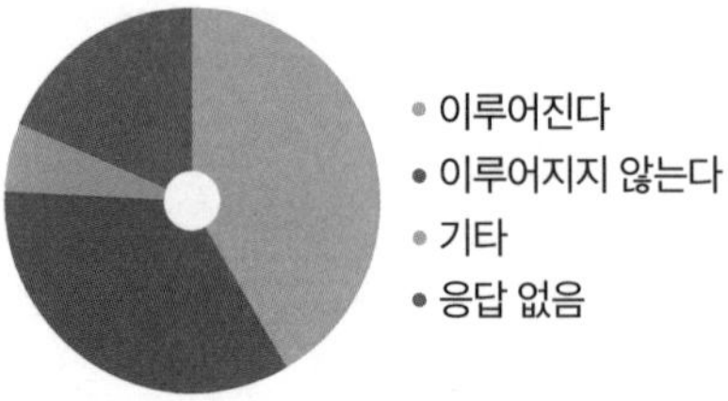

동물의 응급치료가 이루어진다.	44%
동물의 응급치료가 이루어지지 않는다.	33%
기타	5%
응답 없음	16%

그림 5.53 **응급치료**

“구조 직후 다친 동물의 응급치료가 이루어지는가?”라는 질문에 ‘응급치료가 이루어진다’ 44%, ‘응급치료가 이루어지지 않는다’ 33%로 나타나 구조가 되어도 상황에 따라 조치가 원활하지 않는 것으로 조사되었다. 또한 사설 보호소의 경우는 사비로 운영되는 경우가 많아 질병 치료비에 대한 부담이 매우 큰 것으로 나타났다.

27) 유기동물 보호소의 구조 후 동물을 운송할 때 안정성이 고려되고 있는가?

유기동물에 대한 안정성이 고려된다	38%
유기동물에 대한 안정성이 고려되지 않는다	44%
응답 없음	16%

그림 5.54 **동물 운송 시 안전성 여부**

“구조 후 동물을 운송할 때 안전성이 고려되는가?”라는 질문에 ‘유기동물에 대한 안전성이 고려된다’가 38%, ‘안정성이 고려되지 않는다’가 44%로, 동물 운송에 대한 안전성 개선이 필요한 것으로 나타났다.

28) 유기동물 보호소의 운송차량에 동물이 장시간 방치되고 있지 않은가?

유기동물이 장시간 방치된다.	33%
유기동물이 장시간 방치되지 않는다.	38%
기타	11%
응답 없음	16%

그림 5.55 **유기동물 보호소 운송차량에 동물 장시간 방치**

"유기동물 보호소 운송차량에 동물이 장시간 방치되고 있지는 않은가?"라는 질문에 '유기동물이 장시간 방치된다'가 33%, '유기동물이 장시간 방치되지 않는다'가 38%로 나타났다.

안락사 기준

다음은 유기동물 보호소에서 이루어지는 안락사에 대한 설문조사이다.

29) 유기동물 보호소의 안락사 방법은?

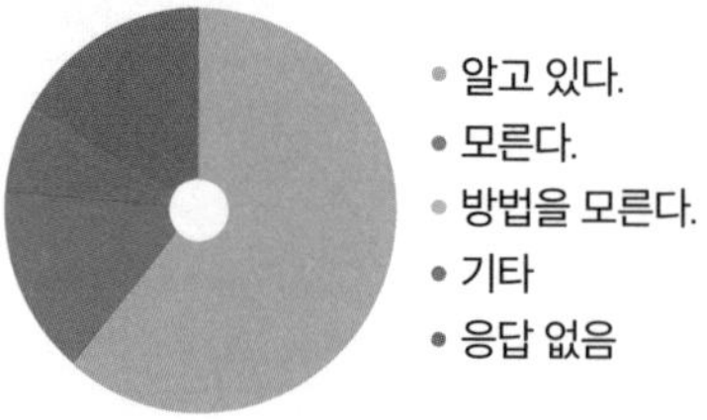

안락사 방법을 알고 있다.	61%
안락사 방법을 모른다.	16%
안락사 방법을 알 수 있는 방법을 모른다.	0%
기타	5%
응답 없음	16%

그림 5.56 유기동물 보호소의 안락사

"유기동물 보호소의 안락사 방법은?"라는 질문에 '안락사 방법을 알고 있다'가 61%, '안락사 방법을 모른다'가 16%로 나타났다. 안락사를 인지하고 봉사를 하는 사람도 있고 인지하지 못한 채 봉사를 하는 사람도 있는 것으로 확인되었다.

30) 유기동물 보호소의 안락사는 수의사에 의해 이루어지고 있는가?

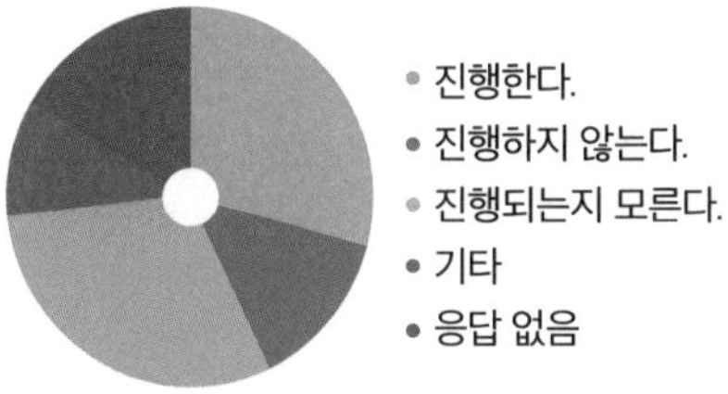

안락사는 수의사가 진행한다.	27%
안락사는 수의사가 진행하지 않는다.	16%
안락사가 어떻게 진행되는지 모른다.	27%
기타	11%
응답 없음	16%

그림 5.57 **유기동물 보호소의 안락사 조치 담당자**

"유기동물 보호소의 안락사는 수의사에 의해 이루어지고 있는가?" 라는 질문에 '안락사는 수의사가 진행한다'가 27%, '수의사가 진행하지 않는다'가 16%, '안락사가 어떻게 진행되는지 모른다'가 27%로 나타났다.

31) 유기동물의 회복이 불가능할 경우 고통을 덜어주기 위해 신속한 안락사가 고려되는가?

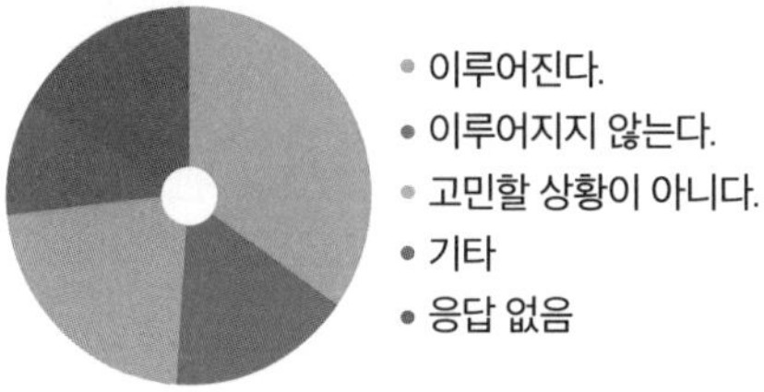

신속한 안락사가 이루어진다.	33%
신속한 안락사가 이루어지지 않는다.	16%
신속한 안락사를 고민할 수 있는 상황이 아니다.	22%
기타	11%
응답 없음	16%

그림 5.58 **신속한 안락사 고려**

"유기동물 보호소에서 유기동물의 회복이 불가능할 경우 고통을 덜어 주기 위해 신속한 안락사가 고려되는가?"라는 질문에 '신속한 안락사가 이루어진다'가 33%, '신속한 안락사가 이루어지지 않는다'가 16%, '신속한 안락사를 고민할 수 있는 상황이 아니다'가 22%로 나타났다.

입양 기준

다음은 유기동물 보호소의 입양 기준에 대한 설문조사이다.

32) 유기동물 보호소의 입양 기준을 아는가?

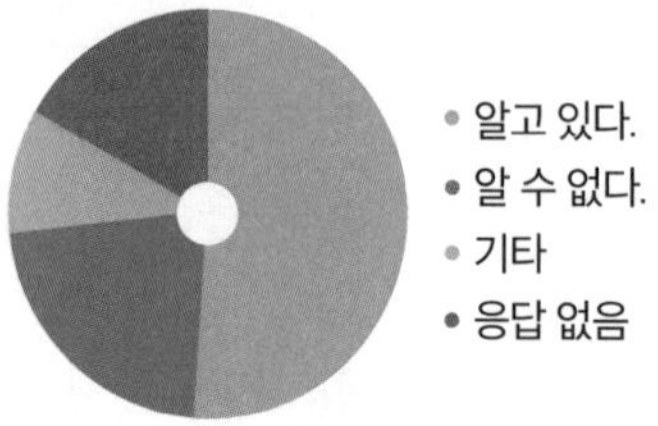

유기동물에 대한 입양기준을 알고 있다.	50%
유기동물에 대한 입양기준을 알 수 없다.	22%
기타	11%
응답 없음	16%

그림 5.59 유기동물 보호소의 입양 기준

"유기동물 보호소의 입양 기준을 아는가?"라는 질문에 '입양 기준을 알고 있다'라고 말한 응답자 비율이 50%, '유기동물에 대한 입양기준을 알 수 없다'가 22%로 나타나 이에 대한 안내가 교육이나 자료 등으로 갖춰져야 할 필요가 있는 것으로 나타났다.

33) 유기동물 입양 시 새 주인과 가족의 환경에 대한 정보를 입수하고 있는가?

유기동물에 대한 정보를 입수하고 있다.	50%
유기동물에 대한 정보를 입수할 수 없다.	16%
기타	16%
응답 없음	16%

그림 5.60 유기동물 입양 시 새 주인과 가족환경 정보 입수

"유기동물 입양 시 새 주인과 가족의 환경에 대한 정보를 입수하고 있는가?"라는 질문에 '정보를 입수하고 있다'가 50%, '정보를 입수할 수 없다'가 16%로 나타났다.

33-1) 유기동물 입양 시 상업적 목적으로 입양을 하는 자인지 확인하고 있는가?

입양자의 정보를 확인하고 있다.	38%
입양자의 정보를 확인하고 있지 않다.	27%
기타	16%
응답 없음	16%

그림 5.61 **상업적 목적 입양 관련**

"유기동물 입양 시 상업적 목적으로 입양을 하는 자를 확인하고 있는가?"라는 질문에 '입양자의 정보를 확인하고 있다' 38%, '입양자의 정보를 확인하고 있지 않다' 27%로 나타났다. 상업적 목적으로 유기동물을 입양하는 사람의 경우는 재판매를 하거나 올바르지 못한 형태로 유기동물에 피해를 입힐 수 있는 문제점을 가지고 있다.

34) 유기동물 입양자가 예방접종, 기생충 구제, 인식표 부착 등의 의무수행이 가능한 자인지 확인하는가?

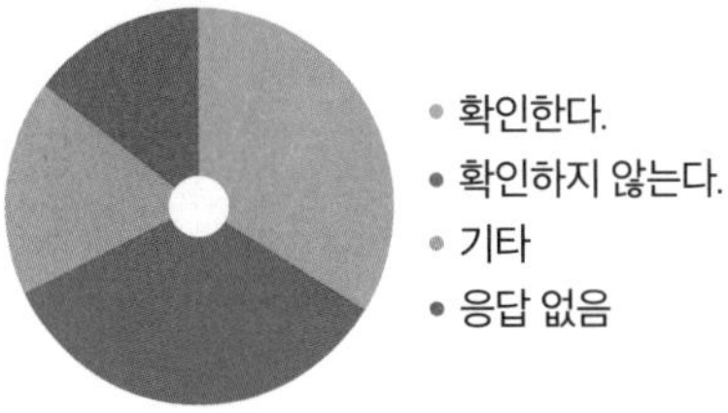

입양자에 대해 의무수행이 가능한 자인지 확인한다	33%
입양자에 대해 의무수행이 가능한 자인지 확인하지 않는다	33%
기타	16%
응답 없음	16%

그림 5.62 **입양자의 의무수행 능력 확인 여부**

"유기동물 입양자가 예방접종, 기생충 구제, 인식표 부착 등의 의무 수행이 가능한 자인지 확인하는가?"라는 질문에 '입양자에 대해 의무 수행이 가능한 자인지 확인한다'가 33%, '입양자에 대해 의무수행이 가능한 자인지 확인하지 않는다'가 33%로 나타났다.

35) 유기동물 입양 시 중성화 의무화에 대해 권고가 제대로 이루어지고 있는가?

중성화 의무화에 대한 권고가 이루어진다.	38%
중성화 의무화에 대한 권고가 이루어지지 않는다.	22%
기타	22%
응답 없음	16%

그림 5.63 **유기동물 보호소의 중성화 의무화 고지**

"유기동물 입양 시 중성화 의무화에 대해 권고가 제대로 이루어지고 있는가?"라는 질문에 '중성화 의무화에 대한 권고가 이루어진다'가 38%, '중성화 의무화에 대한 권고가 이루어지지 않는다'가 22%로 나타났다.

36) 유기동물이 입양되는 경우 입양자에 대한 안락사 기준 안내가 있나요?

안락사 기준을 알고 있다.	33%
안락사 기준을 모른다.	33%
기타	16%
응답 없음	16%

그림 5.64 **입양자에게 안락사 기준 안내**

"유기동물이 입양되는 경우 입양자에게 안락사 기준을 안내하나요?"라는 질문에 입양을 안내하는 담당자들이 정보를 안내한 경우는 상황에 따라 많이 달랐다. 입양자의 대부분은 안락사 기준을 알고 있다 33%, 안락사 기준을 모른다 33%로 나타났다. 조금 더 눈높이를 맞추어 안락사에 대한 내용도 입양자들이 알 수 있도록 전달할 필요가 있다.

보호소 관리 기준

다음은 유기동물 보호소 관리기준에 대한 설문조사이다.

37) 유기동물의 응급상황에 대처하기 위해 보호소에 상주하는 직원이 있는가?

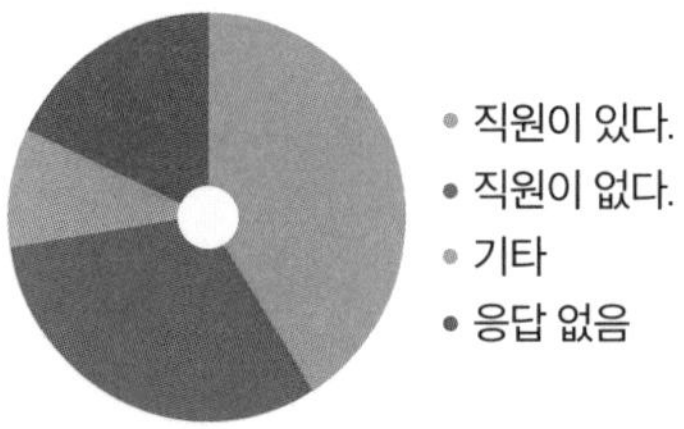

유기동물 보호소에 상주하는 직원이 있다.	38%
유기동물 보호소에 상주하는 직원이 없다.	33%
기타	11%
응답 없음	16%

그림 5.65 **유기동물 보호소 내 상주직원**

"유기동물의 응급상황에 대처하기 위해 보호소에 상주하는 직원이 있는가?"라는 질문에 '상주하는 직원이 있다'가 38%, '유기동물 보호소에 상주하는 직원이 없다'가 33%로 나타났다.

38) 유기동물 사체처리는 제대로 이루어지는가?

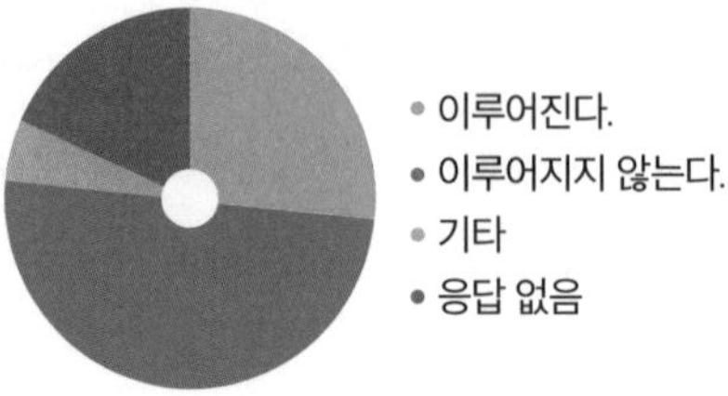

사체처리가 제대로 이루어진다.	27%
사체처리가 제대로 이루어지지 않는다.	50%
기타	5%
응답 없음	16%

그림 5.66 유기동물 보호소의 사체처리

"유기동물 사체처리는 제대로 이루어지는가?"라는 질문에 '사체처리가 제대로 이루어진다'가 27%, '사체처리가 제대로 이루어지지 않는다'가 50%로 나타났다. 현행 법률상으로는 쓰레기봉투에 담아 버리는 폐기물로 분류되어 있다.

39) 유기동물 입양 시 입양비에 대해서 정확히 인지하고 있는가?

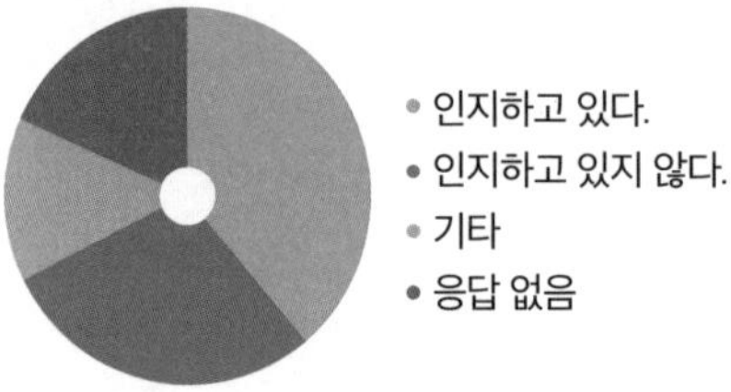

입양비를 인지하고 있다.	38%
입양비를 인지하고 있지 않다.	33%
기타	11%
응답 없음	16%

그림 5.67 유기동물 입양비 인지사항

"유기동물 입양 시 입양비에 대해서 정확히 인지하고 있는가?"라는 질문에 '입양비를 인지하고 있다'가 38%, '입양비를 인지하고 있지 않다'가 33%로 나타났다.

40) 유기동물 기증은 어떤 곳으로 보내지는가?

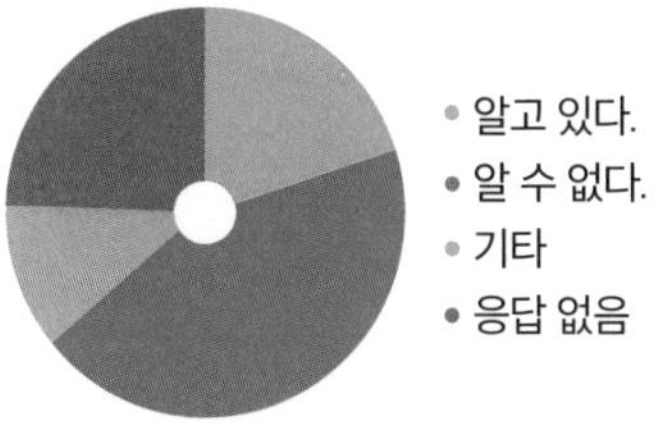

유기동물 기증이 보내지는 곳을 알고 있다.	22%
유기동물 기증이 보내지는 곳을 알 수 없다.	44%
기타	11%
응답 없음	22%

그림 5.68 **유기동물 기증**

"유기동물 기증은 어떤 곳으로 보내지는가?"라는 질문에 '유기동물 기증이 보내지는 곳을 알고 있다'가 22%, '유기동물 기증이 보내지는 곳을 알 수 없다'가 44%로 나타났다.

유기동물 보호소의 관리 수준

다음은 유기동물 보호소의 관리 수준에 대한 설문조사이다.

41) 유기동물 보호소 관리 담당자의 교육수준은 어떠한가?

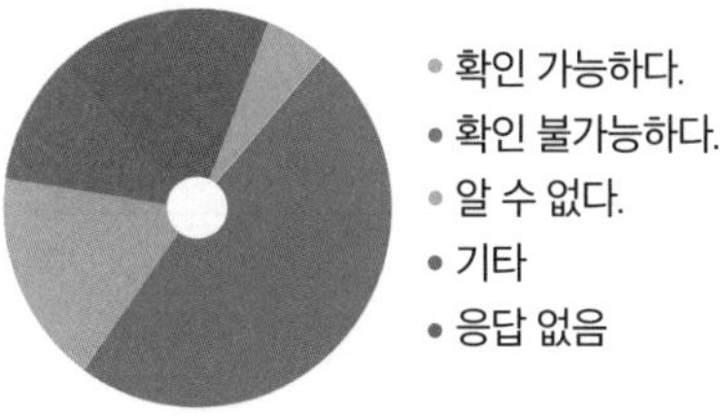

보호소 담당자의 학력 및 경력에 대해 교육수준이 확인 가능하다.	5%
보호소 담당자의 학력 및 경력에 대해 교육수준이 확인 불가능하다.	50%
보호소 담당자의 이력에 대해 알 수 없다.	16%
기타	11%
응답 없음	16%

그림 5.69 **유기동물 보호소 설문조사 교육수준**

"유기동물 보호소 관리 담당자의 교육수준은 어떠한가?"라는 질문에 '보호소 담당자의 교육수준을 확인할 수 있다'가 5%, '교육수준을 확인할 수 없다'가 50%, '보호소 담당자의 이력에 대해 알 수 없다'가 16%로 나타났다.

41-1) 유기동물 보호소의 관리 담당자는 기본 소양 및 관리를 위해 어떤 준비를 하고 있는가?

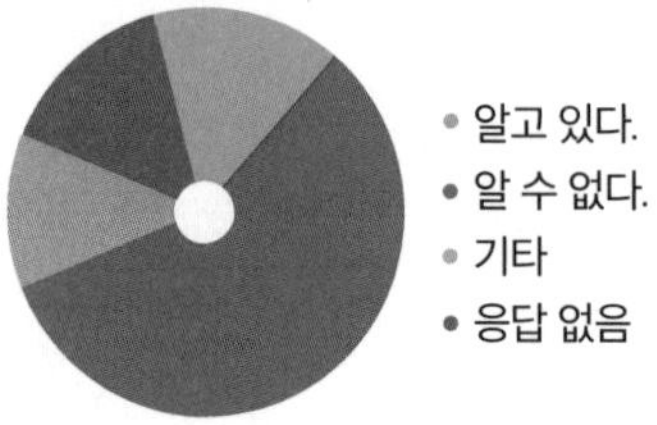

보호소 담당자의 관리에 대한 준비 상황을 알 수 있다.	11%
보호소 담당자의 관리에 대한 준비 상황을 알 수 없다.	61%
기타	11%
응답 없음	16%

그림 5.70 **담당자 기본 소양 및 관리**

"유기동물 보호소의 관리 담당자는 기본 소양 및 관리를 위해 어떤 준비를 하고 있는가?"라는 질문에 '보호소 담당자의 관리에 대한 준비 상황을 알 수 있다'가 11%, '보호소 담당자의 관리에 대한 준비 상황을 알 수 없다'가 61%로 나타났다.

42) 유기동물 재사회화에 대한 교육 준비가 되어 있는가?

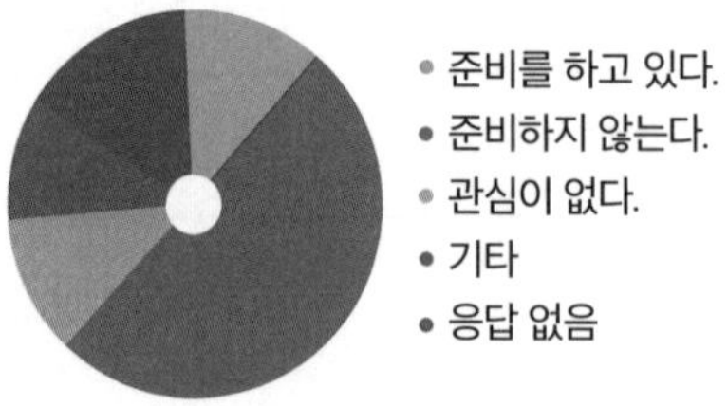

유기동물 재사회화 교육을 위한 준비를 하고 있다.	11%
유기동물 재사회화 교육을 준비하지 않는다.	50%
유기동물 재사회화 교육에 관심이 없다.	11%
기타	11%
응답 없음	16%

그림 5.71 **유기견 재사회화**

"유기동물 재사회화에 대한 교육 준비가 되어 있는가?"라는 질문에 '유기동물 재사회화 교육을 준비하고 있다'가 11%, '유기동물 재사회화 교육을 준비하지 않는다'가 50%, '유기동물 재사회화 교육에 관심이 없다'가 11%로 나타났다.

43) 유기동물 입양자에 대한 교육을 할 수 있는가?

유기동물 입양자를 교육할 수 있는 수준이다.	16%
유기동물 입양자를 교육할 수 있는 수준이 아니다.	61%
기타	5%
응답 없음	16%

그림 5.72 **입양자 교육**

"유기동물 입양자에 대한 교육을 진행할 수 있는가?"라는 질문에 '유기동물 입양자를 교육할 수 있는 수준이다'가 16%, '유기동물 입양자를 교육할 수 있는 수준이 아니다'가 61%로 나타났다. 많은 반려인들 중 유기동물을 입양한 입양자를 위한 사전 교육, 사후 교육, 펫로스에 이르기까지 체계적인 교육이 선행되지 않다 보니 입양자들의 지식 수준이 천차만별이다. 또한, 정부의 제도적 지원이 뒷받침되지 않아 사람들이 공감할 수 있는 수준의 교육이 제공되지 않았다. 결국 사람에 대한 반려동물 교육이 절실한 상황이다. 쉽게 이해하고 소통할 수 있는 교육으로 변화되었으면 한다.

44) 유기동물 입양자에 대한 사전 교육 및 사후 교육에 대한 지원이 가능한가?

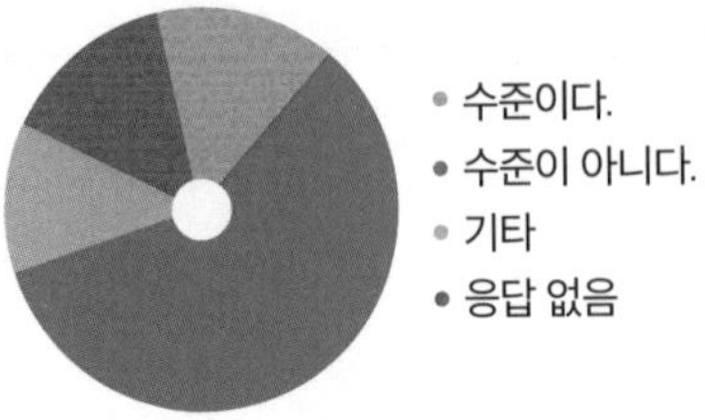

입양자에 대한 사전/사후교육 지원이 가능한 수준이다.	16%
입양자에 대한 사전/사후교육 지원이 불가능한 수준이다.	55%
기타	11%
응답 없음	16%

그림 5.73 **입양자 대상 사전교육 및 사후교육 지원**

"유기동물 입양자에 대한 사전 교육 및 사후 교육 지원이 가능한가?"라는 질문에 '입양자에 대한 사전/사후교육 지원이 가능한 수준이다'가 16%, '사전/사후교육 지원이 불가능한 수준이다'가 55%로 나타나 반려인을 대상으로 하는 체계적인 교육 프로그램이 부재한 것을 확인할 수 있다.

45) 유기동물 입양자에게 교육을 제공하기 위해 준비하고 있는가?

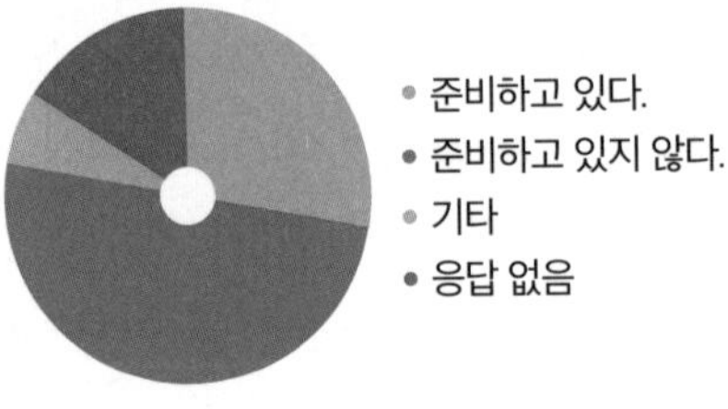

유기동물 입양자에 대한 교육 내용을 준비하고 있다.	27%
유기동물 입양자에 대한 교육 내용을 준비하고 있지 않다.	50%
기타	5%
응답 없음	16%

그림 5.74 **유기동물 입양자 교육**

"유기동물 입양자에게 교육을 제공하기 위해 준비하고 있는가?"라는 질문에 '유기동물 입양자에 대한 교육 내용을 준비하고 있다'가 27%,

'유기동물 입양자에 대한 교육 내용을 준비하고 있지 않다'가 50%로 나타났다. 유기동물 입양 시에 보호자에 대한 교육이 필요함에도 불구하고 체계적인 교육 프로그램이나 강사가 존재하지 않는다.

유기동물 보호소에 대한 만족도 조사

다음은 유기동물 보호소에 대한 만족도를 조사한 내용이다.

46) 현재 유기동물 보호소에 대한 정부의 관리에 만족하는가?

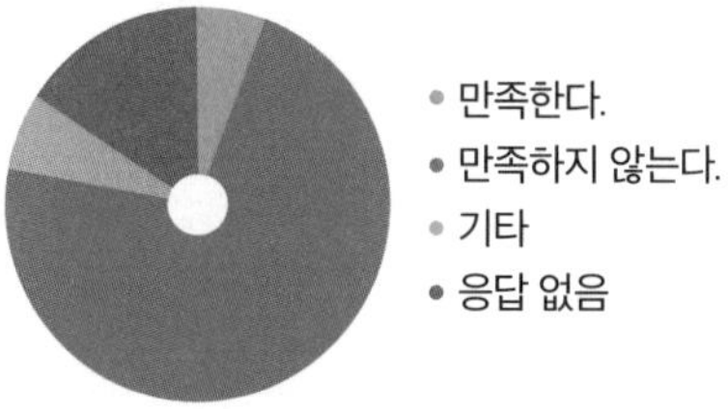

만족한다.	5%
만족하지 않는다.	72%
기타	5%
응답 없음	16%

그림 5.75 유기동물 보호소에 대한 정부의 관리 만족

"현재 유기동물 보호소에 대한 정부의 관리에 만족하는가?"라는 질문에 '만족한다' 5%, '만족하지 않는다' 72%로 나타나 대부분의 보호자들은 유기동물과 관련한 내용에 노력하지 않는 정부의 모습에 불만을 표시했다.

47) 세상 사람들이 유기동물 보호소에 관심을 가지고 함께 참여할 수 있도록 유기 동물 보호소에 대한 공감이 이루어지고 있는가?

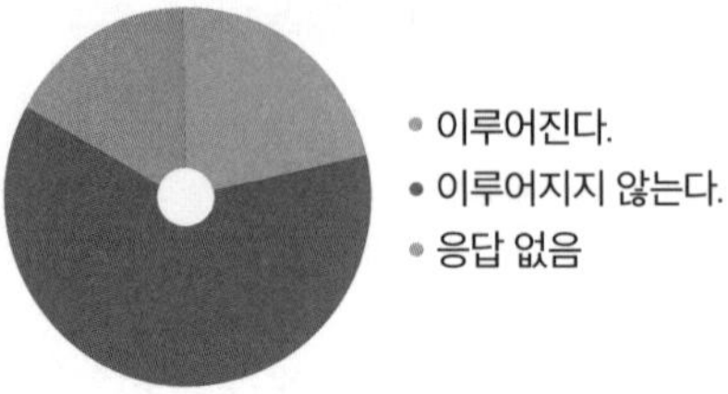

공감이 이루어진다.	22%
공감이 전혀 이루어지지 않는다.	61%
응답 없음	16%

그림 5.76 **유기동물 보호소 참여유도를 위한 공감유무**

"세상 사람들이 유기동물 보호소에 관심을 가지고 함께 참여할 수 있도록 유기동물 보호소에 대한 공감이 이루어지고 있는가?"라는 질문에 '공감이 이루어진다'가 22%, '공감이 전혀 이루어지지 않는다'가 61%로 나타났다. 최근 유기동물 문제가 사회적으로 불거지고 매스컴에서 이를 보도하면서 공감이 이루어지는 소재와 이야기들이 많이 전달되고 있다.

반려동물 산업 빅데이터 분석 — 소비자 구매패턴 부문

"반려동물 용품은 주로 어디에서 구입하시나요?"라는 질문에 오픈마켓 5%, 인터넷 전문쇼핑몰 45%, 동물병원 10%, 오프라인 펫샵 10%, 오프라인 용품점 10%, 기타 20%로 나타났다. 기타 20%는 중고나라, 바자회, 박람회, 행사를 통해서 구입하는 것으로 확인되었다.

최근 소비자들이 구매를 원하는 제품은 사료, 간식, 패드, 심장사상충 및 외부기생충 약, 수입영양제, 수입 반려견용품, 하우스, 치석제거용 껌, 목욕용품을 선호하는 것으로 나타났다. 반려견이 가족으로 인식되 반려동물 용품은 주로 어디에서 구입하나요?

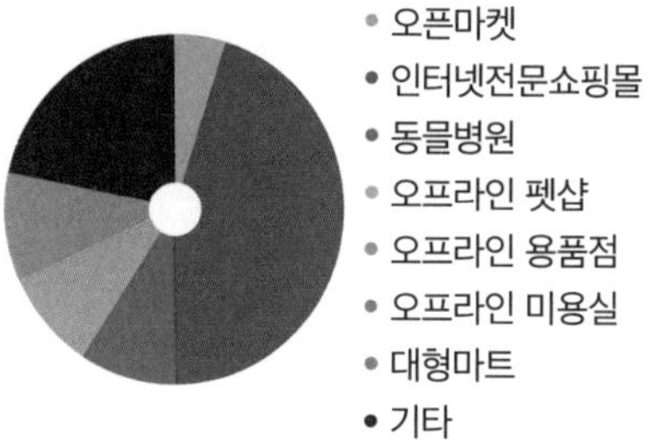

오픈마켓	5%
인터넷전문쇼핑몰	45%
동물병원	10%
오프라인 펫샵	10%
오프라인 용품점	10%
오프라인 미용실	0%
대형마트	0%
기타	20%

그림 5.77 **반려동물 용품 소비자 구매 패턴**

면서 반려동물 용품에 대한 정보를 인지하는 소비자의 수준이 높아졌다. 이에 따라 이제는 온라인보다 직접 방문하여 구매하겠다는 소비자들이 늘어나고 있는 추세로 변화하고 있다. 하지만 소비자들이 제대로 공부하지 않기 때문에 대부분의 용품이나 사료, 간식도 왜 필요한지, 무엇을 먹여야 하는지 등의 올바른 판단을 하기에는 아직 많은 어려움이 있다. 따라서 소비자들이 현명한 제품이나 서비스를 이용할 수 있는 교육 프로그램이 필요하다. 반려동물이 가진 특성이 있기 때문에 제대로 이해하지 않고 급여하거나 사용하게 되면 많은 문제가 발생하게 된다.

반려동물 산업의 제품이나 서비스들이 소비자의 의견을 반영하지 않고 원가절감을 통하여 수익률을 높이려는 제품을 출시하다 보니 반려동물의 건강이 나빠지는 경우가 많이 발생하고 있다. 소비자들은 싼 제품을 선호하지만 결국 그 모든 피해는 반려동물에게 돌아가는 상황이다. 전국에 많은 업체들을 견학하고 방문해 본 결과 대부분의 제조시설이 매우 열악한 환경에 처해 있었다. 개선되어야 할 부분들이 너무나 많지만 그중에서도 소비자의 구매 패턴이나 소비자 의견을 제대로 인식하는 일은 제일 우선되어야 한다. 소비자의 소리가 반영되지 않으면 결국 모든 문제는 소비자가 감당해야 한다. 이러한 현실에 대한 고민이 필요한 시점이다.

본 책에서 다루는 빅데이터를 통해 소비자의 니즈를 비롯한 반려동물의 먹거리 제조환경이 정부의 관심 속에 제대로 개선되었으면 한다.

반려동물 산업 빅데이터 분석 — 반려견 수제간식 부문

다음의 내용은 다음 강사모에서 2017년 7월 26일부터 31일까지 6일간 진행한 반려견 수제간식 설문조사에 반려인 556명이 참여한 데이터를 기반으로 작성했다. 이 설문조사는 총 14개 문항으로 현재의 반려견 수제간식 전반에 대한 소비자의 의견을 조사했다. 설문조사에 참가한 556명의 응답자들 대부분이 반려견 수제간식에 대하여 다소 부정적인 반응을 보였다.

먼저 선호하는 반려견 수제간식 브랜드를 묻는 질문에는 루비네 수제간식을 추천했다. 그 외에 봉구네 간식, 도그쿡, 강쥐님 수라상, 루미앤비비등의 업체가 추천되었다.

1) 월평균 수제간식 구매 금액은 어떻게 되나요?

5천 원 이하	5%
1만 원 이하	8%
2만 원 이하	37%
5만 원 이하	23%
10만 원 이하	12%
기타	8%
응답 없음	3%

그림 5.78 수제간식 구매 금액 비율

"월 평균 수제간식 구매 금액은 어떻게 되나요?"라는 질문에 많은 참가자들은 '2만 원 이하'(37%)로 응답했다. '5만 원 이하'도 23%로 나타나 대부분이 반려견을 위해 간식 비용을 많이 지출하는 것으로 조사되었다.

2) 연령대가 어떻게 되십니까? (선택)

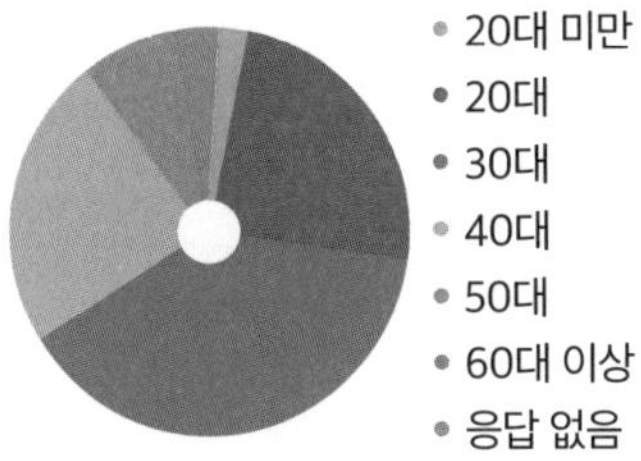

20대 미만	1%
20대	26%
30대	35%
40대	26%
50대	7%
60대 이상	0%
응답 없음	1%

그림 5.79 **연령대 비율**

응답자의 연령대를 묻는 질문에 30대가 35%로 가장 많았고, 20대 26%, 40대 26%로 대부분 20대, 30대, 40대 연령층이 반려견 수제간식에 관심이 많은 것으로 나타났다.

3) 성별이 어떻게 되십니까?

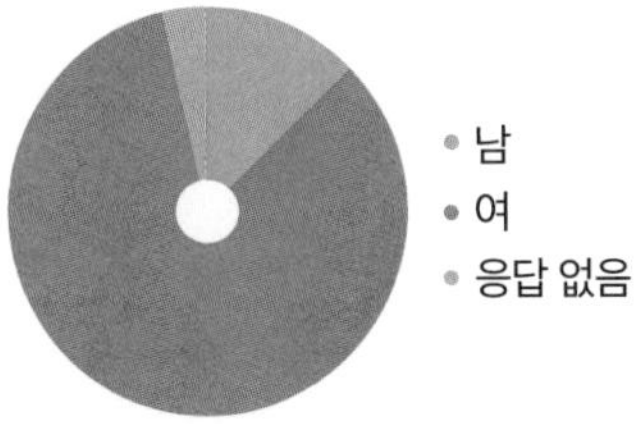

남	14%
여	82%
응답 없음	3%

그림 5.80 **성별 비율**

성별을 묻는 질문에 여성이 82%로 높은 비율을 나타냈다. 최근 반려견을 좋아하는 여성들이 증가함에 따라 여성의 참여율이 높아진 것으로 나타났다.

4) 반려견 수제간식을 급여해 본 적이 있습니까?

있다	91%
없다	5%
응답 없음	3%

그림 5.81 반려견 수제간식 급여

"반려견 수제간식을 급여해 본 적이 있습니까?"라는 질문에 '있다'가 91%로, 많은 사람들이 반려견에게 수제간식을 급여하고 있는 것으로 나타났다.

4-1) 월 평균적으로 얼마나 구매하십니까?

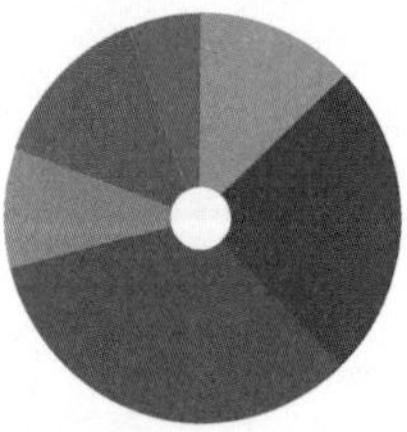

3개월에 1번 이하	12%
1 ~ 2개월에 1번	25%
2 ~ 3주에 1번	33%
3일 ~ 1주에 1번	8%
거의 매일	0%
기타	12%
응답 없음	7%

그림 5.82 월 평균 구매

"한 달에 평균적으로 얼마나 구매하십니까?"라는 질문에 '2~3주에 1번 구매'가 33%로 나타났다. '1~2개월에 1번'도 25%로 나타나 적어도 한 달에 한 번은 수제간식을 급여하는 것으로 나타나고 있다.

4-2) 반려견 수제간식을 어디서 구매하십니까?

오픈마켓 (11번가, 쿠팡, 티몬 등)	14%
펫샵	21%
쇼핑몰	21%
대형마트 (홈플러스, 이마트 등)	3%
기타	32%
응답 없음	7%

그림 5.83 **반려견 수제간식 구매경로**

"반려견 수제간식을 어디서 구매하십니까?"라는 질문에 펫샵과 쇼핑몰이 각각 21%로 다소 높은 비율을 나타내었으며 주변 동네 인근 상점에서 직접 보고 구입한다는 의견 역시 다소 많았다. 예전과 다르게 점점 반려견에 대한 관심과 기대가 높아지고 있다. 유명 쇼핑몰 채널에 따르면 사료와 마찬가지로 수제간식의 수요도 점차 증가하는 추세에 있다고 한다. 불과 2년 전만 해도 PC환경에서 많은 판매가 이루어졌다. 하지만, 현재는 PC환경에서 모바일환경으로 전환되면서 스마트폰으로 많은 구매가 이루어지고 있다. 또한, 반려견에 대한 사회적 활동이 다양해지면서 보호자들의 인식이 많이 개선되고 있다. 이로 인해 수제간식에 대한 관심도도 증가 추세에 있다. 기타 의견으로는 공동구매, 애견카페, 미용실 등이 있다.

5) 반려견 수제간식에 대한 만족도를 종합적으로 평가해 주십시오.

1점	1%
2점	0%
3점	3%
4점	0%
5점	16%
6점	8%
7점	10%
8점	23%
9점	12%
10점	16%
응답 없음	7%

그림 5.84 **반려견 수제간식 만족도**

일반 보호자들에게 10점 만점을 기준으로 종합적인 평가를 실시했다. 대부분의 보호자들은 만족하는 듯했다. 8점이 23%로 가장 많은 비율을 차지했다. 대체로 수제간식에 대한 만족도는 높은 것으로 평가되고 있다. 최근 유명 쇼핑몰의 경우 반려견 수제간식의 비중이 작년 대비 2~3배 정도 증가했다고 전했다. 반려견에 대한 인식이 전환되어 가족으로서 소중하게 생각하는 모습이 생기면서 많은 변화가 일어나고 있다. '응답 없음'으로 기록한 7%의 회원들은 만족도에서 가장 문제가 되는 이유로 유통기한의 문제를 지적했다. 대부분 인터넷으로 수제간식을 구매하는데, 이때 제품의 짧은 유통기한 때문에 곰팡이가 생겨 못 먹인 경우가 많다고 말했다. 그러나 유통기간이 너무 긴 경우 역시도 제품에 대해서 잘 살펴봐야 할 필요가 있다. 왜냐하면 반려견에 대한 명확한 식품위생 기준이 별도로 마련되어 있지 않아 반려견 건강에 어떤 영향을 미치는지 알 수 없기 때문이다. 보호자 관점에서 보다 정확한 판단을 위해서는 업체에 대한 정보도 꼼꼼히 체크해 볼 필요가 있다.

6) 앞으로 반려견 수제 간식을 먹일 생각이 있습니까?

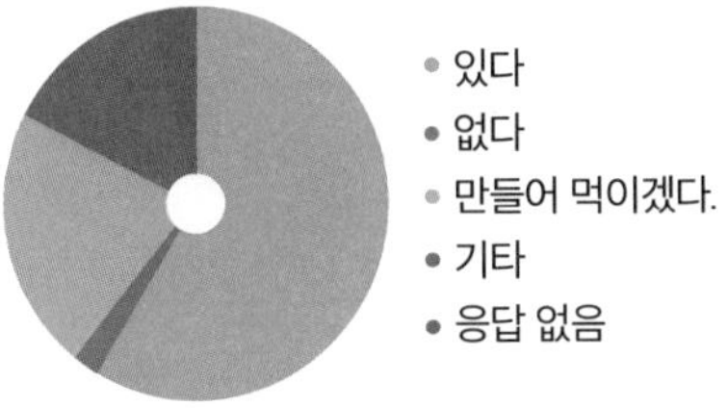

있다.	58%
없다.	1%
직접 만들어 먹이겠다.	21%
기타	14%
응답 없음	3%

그림 5.85 **반려견 수제간식을 급여할 의향**

"앞으로 반려견 수제간식을 계속 먹일 생각이 있습니까?"라는 질문에 응답자의 58%는 급여하겠다는 의사를 밝혔다. 1%는 급여하지 않겠다고 했으며, 직접 가정에서 만들어 먹이겠다고 한 응답자는 21%로 나타났다. 최근 유튜브와 모바일 동영상을 통해 수제간식을 직접 만드는 영상이나 사례들이 많이 소개되고 있다. 또한 수제간식의 경우는 유통기한이 짧기 때문에 특히 주의해야 할 필요가 있어 보호자들이 직접 수제간식을 만드는 경우가 늘고 있다. 최근에는 생닭이나 간단한 레시피를 통한 수제간식의 노하우가 유명 TV프로그램이나 언론사의 미디어 콘텐츠를 통해 잘 소개되고 있다. 모바일이나 커뮤니티 사이트를 통하며 알찬 정보를 쉽게 얻을 수 있다.

7) 반려견 수제간식의 제조과정(위생)을 믿을 수 있습니까?

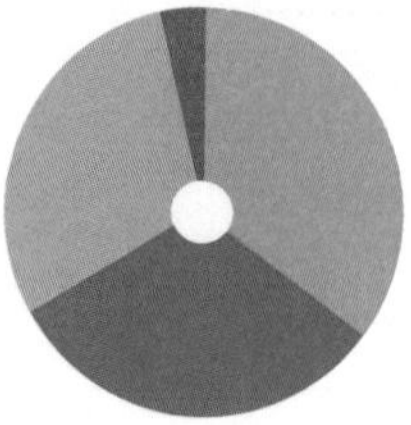

믿을 수 있다.	37%
믿을 수 없다.	28%
기타	32%
응답 없음	1%

그림 5.86 반려견 수제간식 위생 신뢰 여부

"반려견 수제간식의 제조과정(위생)을 믿을 수 있습니까?"라는 질문에 응답자 37%는 '믿을 수 있다'라고 응답했고 28%는 '믿을 수 없다'고 답변했다. 기타 32%는 수제간식 업체의 위생에 대한 개선이 필요하다는 의견을 냈다. '믿을 수 없다'는 의견과 '개선이 필요하다'는 소비자들은 개선되었으면 하는 사항으로 다음과 같은 의견을 제시했다.

1) 수제간식을 만들 때 '내가 먹는다'는 생각으로 만들어 주세요.
2) 성분검사나 허가에 대한 정확한 내용을 기재해 주세요.
3) 가족에게 준다고 생각하고 정직하게 만들어 주세요.
4) 대량 생산이 아닌 것을 감안해도 가격대가 너무 높게 책정되었어요. 가격을 조정해 주세요.
5) 수제간식이 고품질이라고 하는데 기호성도 고품질로 만들어 주세요.
6) 유통기한이 긴 간식은 수제간식이라는 문구를 빼 주세요.
7) 제조 공정이나 원산지 표시를 확실히 기재해 주세요.
8) 가끔씩 벌레나 불량재질이 나오는 경우도 있지만 직접 만들어 급여할 수 없기 때문에 구매합니다. 포장을 투명한 재질로 하여 내용물을 정확히 확인할 수 있도록 제작해 주세요.

특히, "반려견 수제간식의 유통기한이 1년인 것에 대해 어떻게 생각하십니까?"라는 추가 질문에 소비자들은 다양한 의견을 제시했다.

1) 유통기한이 너무 길면 급여하지 않을 것 같다.
2) 말이 되지 않는다. 사실상 공장제조 간식과 별반 다르지 않다.
3) 수제간식을 먹이는 이유는 신선한 재료로 만든 간식을 급여하기 위함인데 방부제가 그만큼 들어간다면 건강상으로 매우 걱정된다. 반려견들이 먹는 수제간식의 기준이 제도적으로 얼마나 허술한지 심각하게 검토 후 알게 되었다.
4) 냉동으로 1개월간 보관해서 급여하는 경우는 있지만 1년은 너무 길다.
5) 수제간식이기에 이해를 하지만 포장을 진공으로 하든지 좀 더 안전하게 관리했으면 한다.
6) 방부제가 들었는지 매우 의심스럽다.
7) 100% 수제간식인지 의심이 간다.
8) 수제간식 치고는 유통기한이 길어 다른 성분이 들어간 것이 아닐까 고민하게 된다.
9) 수제간식을 구입한 후에 최대한 빠르게 급여하는 것이 현명한 판단이라고 생각한다.

06

반려동물 산업의 소비자 소통을 위한 애플리케이션 설계 (4차 산업혁명)

Companion Animal : Industry and Future

06

반려동물 산업의 소비자 소통을 위한 애플리케이션 설계(4차 산업혁명)

이 장에서는 반려동물 산업에서 소비자와의 소통을 위해 필요한 애플리케이션 설계에 대해 소개하고자 한다. 많은 기업들과 업체들이 수익을 극대화하기 위해 많은 노력과 관심을 기울이고 있다. 하지만 소비자와의 소통 문제는 R&D 영역이기 때문에 생각하는 것처럼 쉽게 다가갈 수 있지는 않다. 따라서 강아지를 키우는 사람들과 소통하기 위하여 동물병원을 기점으로 반려인들과 소통할 수 있는 애플리케이션 설계에 관해 소개하고자 한다.

현재 많은 기업들이 저마다 가진 제품과 서비스로 최고가 되기를 원하고 모든 곳에 소개되기를 원하지만 실질적으로 고객과 소통하는 기업이나 업체는 찾아보기 힘든 것이 현실이다. 그렇기 때문에 소비자와 함께 소통하며 제품이나 서비스를 제공하고 있다면 서로 다른 경쟁

구도에서 남들과 다른 차별화된 모습으로 성장해 나갈 수 있다. 또한 이 차이점은 기업이나 업체의 중요한 핵심 전략이 될 것이다. 이제 물리적인 세계와 디지털 세계의 통합은 O2O를 통해 수행할 수 있으며, 생물학적 세계에서는 인체의 정보를 디지털 세계에 접목하는 기술인 스마트워치나 스마트 밴드를 이용하여 모바일 헬스케어를 구현할 수 있다.

이제 앞으로 제4차 산업혁명(第四次 産業革命, Fourth Industrial Revolution, 4IR) 시대가 도래할 것으로 예상된다. 물리적, 생물학적, 디지털적 세계를 빅데이터에 입각하여 통합시키고 경제 및 산업 등 모든 분야에 영향을 미치는 다양한 신기술이 4차 산업혁명의 주요 기술이다. 가상현실(VR)과 증강현실(AR) 역시 물리적 세계와 디지털 세계의 접목에 해당된다.

변화는 시작되었다. 앞으로 반려동물 산업 또한 어떻게 변화시킬 것인가 중요한 요점이 될 것이다. 사람들의 기억에 남는, 의미 있는 기업이나 업체가 되기 위해서는 소비자에 대한 빅데이터를 잘 활용하여야 한다. 이것이 기업이나 업체의 가장 큰 숙제가 될 것이다. 이 문제를 해결하여 차별점을 거머쥐는 기업은 다가오는 4차 산업혁명에서 승자가 될 것이다.

소비자 소통을 위한 애플리케이션 트렌드 분석

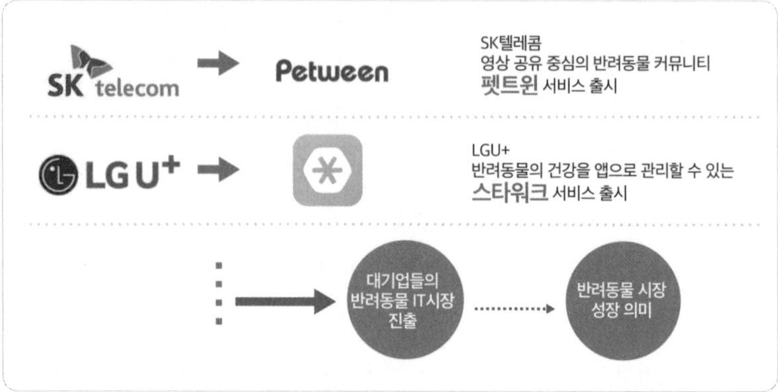

그림 6.1 소비자 소통을 위한 애플리케이션 트렌드

반려동물 산업의 급성장에 따라 최근 대기업들이 반려동물 시장에 많은 관심을 가지고 저마다 IT 서비스를 오픈하고 있다. 대기업의 진출은 반려동물 시장의 트렌드를 빠르게 변화시킬 것이다. 이로써 반려동물 산업 역시 4차 산업혁명에 맞추어 다양한 분야들과 함께 동반성장할 것으로 예상된다. 특히 VR이나 AR을 활용한 서비스와 IOT 사물인터넷 서비스가 반려동물 산업과 연결되면서 기존에는 예상하지 못했던 다양한 서비스들이 탄생할 것으로 본다.

현재 다양하게 출시되고 있는 서비스들은 대체로 사용자 간에 반려동물 정보를 공유하는 커뮤니티 서비스가 주류를 이룬다. 최근에는 다이어리, 건강관리 등과 같은 기능 중심의 유틸리티 서비스까지 등장하고 있다. 4차 산업혁명에 맞추어 IOT 서비스를 기술적으로 구현한 자동급식기 서비스나 반려동물 훈련 서비스 등 다양한 반려동물 서비스들이 동반성장하고 있다. 모든 서비스는 커뮤니티를 중심으로 하여 반려동물 서비스를 제공하는 데에 목적을 두고 있다.

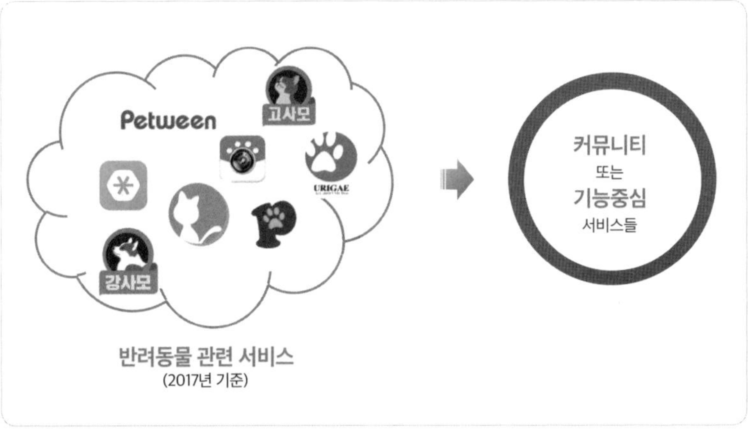

그림 6.2 2017년 기준 반려동물 관련 서비스

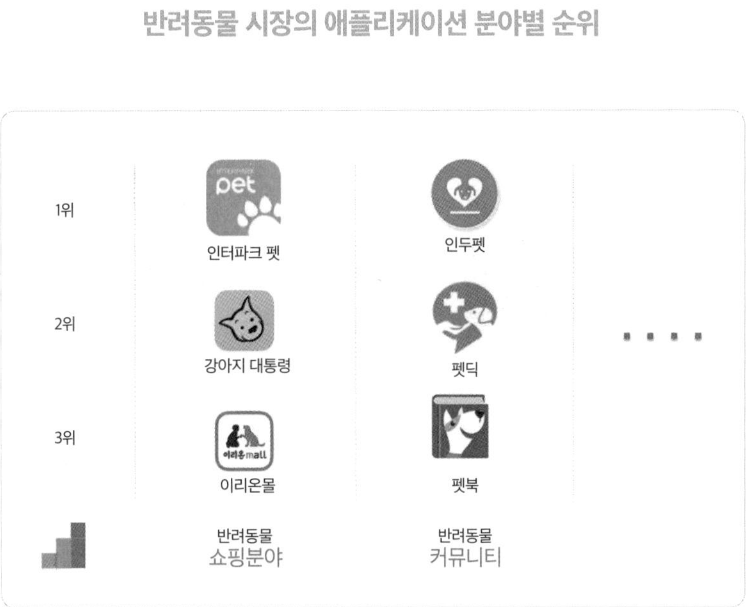

그림 6.3 2017 반려동물 시장의 앱 분야별 순위(강사모 제공)

2017년 기준 반려동물 시장의 애플리케이션 순위를 쇼핑 분야와 반려동물 커뮤니티 두 분야로 나누어 조사한 다음 순위를 매겨 보았다. 그 결과 쇼핑 분야 애플리케이션 1위로 인터파크 펫, 2위 강아지대통령, 3위 이리온몰로 나타났으며, 반려동물 커뮤니티 1위로 인투펫, 2위 펫닥, 3위 펫북 순으로 나타났다.

반려동물 애플리케이션은 소비자의 니즈를 반영하여 매우 급속도로 성장하고 있다. 대표적인 예로 인터파크 펫은 첫 화면에 반려동물의 이름과 사진을 넣어 직접 꾸밀 수 있도록 제작되었다. 이 점이 사용자와 사용자가 키우는 반려동물만을 위한 전용 애플리케이션 같은 느낌을 주어 큰 호응을 얻고 있다.

지역 정모를 통한 회원들의 데이터베이스 연계

그림 6.4 지역 정모를 통한 회원들의 데이터베이스 연계

지역 정모나 행사를 통해 소비자들을 체계적으로 관리하는 것은 매우 중요하다. 다음 강사모는 WIFI ZONE을 구성하여 소비자들에게 소속감을 주고 종종 특별한 이벤트를 개최하는데, 이와 같이 소통하는 것은 카페의 매출 수익과 직결될 수 있는 주요 요인이다.

애견 카페를 다니는 회원들은 대부분 각종 전시회, 페스티벌 등에서 매출을 일으키는 활동적인 회원이다. 매출을 향상시키기 위해서는 소비자의 패턴과 트렌드를 잘 분석하여 지역의 정모를 만들고 소비자와 관계(RelationShip) 형성을 해야 한다.

전국 지역 회원 데이터베이스를 통한 소비자와의 소통

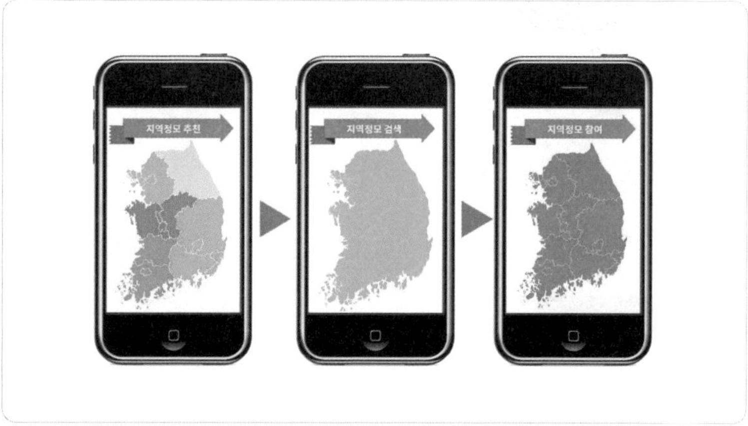

그림 6.5 **전국 지역 회원들과의 소통을 위한 관계형성 네트워크 운영**

회원들이 지역 정모에 참여하여 서로 자연스럽게 소통하고 회원 간에 관계를 형성하게 되면 실제적인 매출이 증대한다. 우리는 고객의 데이터를 어떻게 분석해야 할지 항상 고민해야 한다. 그러한 점에서 지역 정모에 참여하는 회원들과의 소통은 정말 중요하다. 지역 정모를 통해 우리는 트렌드나 패턴을 파악해야 한다. 반려동물 산업 시장에서는 항상 고객에 대한 분석이 체계적으로 이루어지지 않아 고객 니즈에 대한 많은 문제들이 발생하였다. 이로 인해 반려동물 산업은 신뢰를 잃어버렸다. 이 부분의 리스크를 최소화하기 위해서는 체계적으로 고객의 데이터를 관리할 필요성이 있다.

커뮤니티 애플리케이션을 통한 주변 회원들과의 연결

그림 6.6 커뮤니티 애플리케이션을 활용한 지역 주변 회원과의 소통

커뮤니티 애플리케이션의 정모 관리자 메뉴를 통해 자신의 정모 스케줄을 등록, 관리하고 이 외에 DM발송, 1:1 채팅을 통해 체계적으로 참여를 유도할 수 있도록 설계한다. 주변 회원들 중에서 지역장, 운영자,

카페지기를 설정하여 ZONE을 형성한다. 이때 커뮤니티 애플리케이션에서 생성하는 ZONE의 색깔은 녹색, 파랑, 빨강으로 구성하며 지역장(녹색 ZONE), 운영자(파랑 ZONE), 카페지기(빨강 ZONE)으로 구성하여 해당 ZONE이 형성되면 커뮤니티 애플리케이션을 사용하는 회원들에게 포인트가 차등지원되는 시스템으로 커뮤니티 애플리케이션을 구성한다. 회원들은 애플리케이션을 사용하는 동안 형성된 ZONE 구역에서 포인트를 받으며 특별한 일을 경험하게 된다. 이러한 경험을 서로 나누고 이 외에도 다양한 프로모션 행사에 참여함으로써 회원들은 신뢰를 더욱 높여 갈 것이다. 여기서 말하는 ZONE이라는 것은 특별한 것이 아니라 지역중심에 분포되어 있는 반려인들을 의미한다. 우리는 많은 지역에서 반려동물을 키우고 있다. 그들이 분포되어 있는 지역을 ZONE으로 표현하고자 한다.

소비자와의 소통을 위한 애플리케이션 설계

반려동물 산업은 폐쇄적으로 성장해 왔다. 그러나 이제는 그 패턴에서 벗어나 어떻게 하면 소비자들과 쉽게 소통할 수 있을지 생각해 보아야 한다. 무엇을 하든지 경험을 공유하거나 서로의 이야기를 경청하며 나눌 수 있는 공간은 매우 중요하다. 아직도 아날로그 감성은 많은 사람들의 기억 속에 남아 있다. 디지털이 아무리 활성화되어도 사람들은 서로의 마음을 느끼는 것을 그리워한다.

그림 6.7 반려인과의 소통을 위한 애플리케이션 설계(Petview 제공)

소비자에게 가장 쉽게 다가가기 위해서는 반려견에 대한 정보를 쉽게 안내해야 할 필요가 있다. 반려견에 대한 건강상태 등 간단한 정보를 애플리케이션으로 확인할 수 있다면 소비자들은 애플리케이션에 더욱 쉽게 접근할 것이다. 반려견에 대한 정보를 쉽게 이해할 수 있도록 어렵지 않게 제공하려는 노력이 필요하다.

그림 6.8 반려인 소통을 통한 회원 추천 동물병원

회원들이 가장 많이 보유하고 최신 정보로 꾸준히 갱신하는 정보가 바로 동물병원에 대한 정보다. 또한 회원들이 반려동물을 키우면서 가장 관심 있게 알고 있어야 하는 정보 역시 동물병원에 대한 정보다. 이를 회원들이 상호 간에 추천하고 정보를 제공함으로써 보다 친숙한 관계를 형성할 수 있다.

그림 6.9 **회원들이 추천하는 정보를 통한 동물병원 네트워크 형성**

회원들이 '내 주변 존(ZONE)'에 진입하게 되면 존의 등급에 따라 지도의 색깔이 변한다. 이렇게 구별된 존마다 포인트가 차등지급되는데, 이러한 포인트 제도를 통해 회원들은 다양한 혜택을 얻는 등 이색적인 경험을 할 수 있다.

그림 6.10 전국 회원들과의 실시간 소통(정모를 중심으로 한 관계형 네트워크)

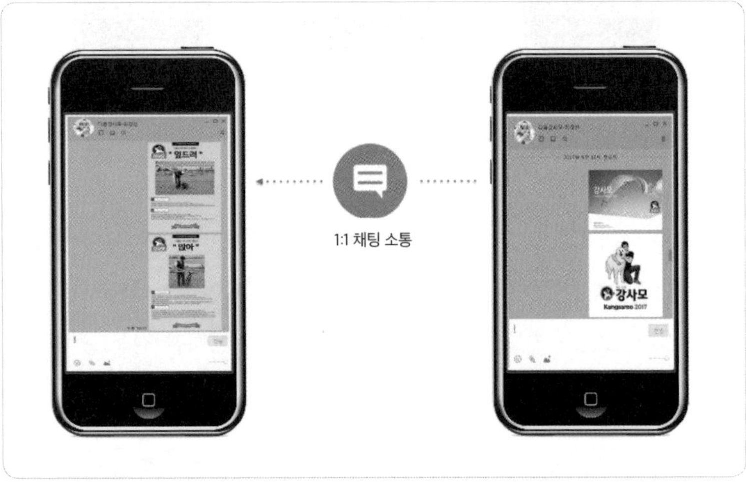

그림 6.11 전국 회원들 간의 실시간 1:1 채팅으로 친밀한 관계형성

또한 회원들은 서로 간의 존을 확인할 수 있고, 친분이 있는 회원과 실시간 1:1 채팅으로 서로의 이야기를 주고받을 수 있다. 이러한 소통을 통해 서로 친밀한 관계를 형성하게 된다.

그림 6.12 실시간 '정모리스트'를 통한 정보 공유 및 1:1 채팅

정모에 대한 정보는 실시간으로 '정모리스트'에 올라가며 주최자가 회원들에게 공지한다. 또한 해당 참여 인원에 대해서 체계적으로 관리할 수 있으며 그 외 정모별 순위도 실시간으로 확인할 수 있다.

그림 6.13 정모 활성화를 위한 1:1 커뮤니케이션

회원들의 정모 순위를 통해서 존별 1위, 2위 3위를 선정할 수 있으며 이 순위를 기반으로 기업이나 업체의 스폰을 받아 이벤트를 진행할 수 있다. 정모 순위가 높을수록 회원들에게 더 질 좋은 혜택을 제공할 수 있으므로 이는 회원들에게 동기 부여가 되기도 한다.

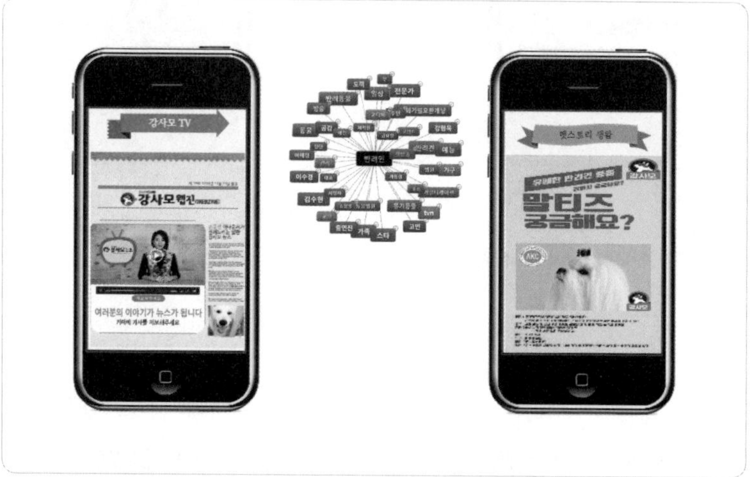

그림 6.14 강사모TV/펫스토리 생활을 통한 콘텐츠 제공 서비스

회원들에게 다양한 정보 콘텐츠를 제공하기 위해 교육 등의 정보성 콘텐츠를 제공하고 있다.

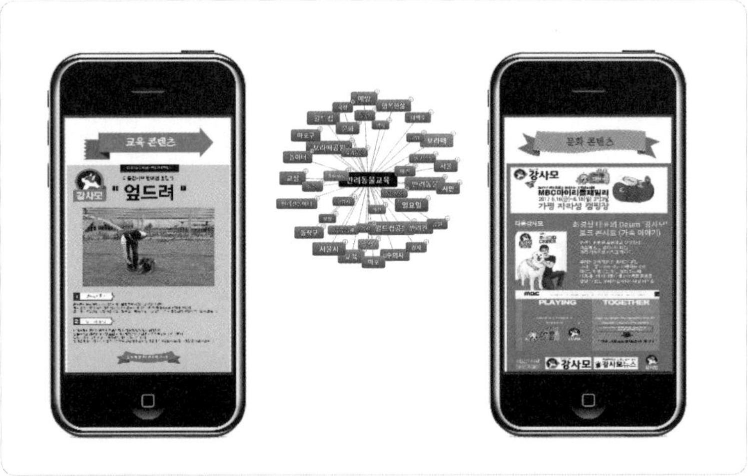

그림 6.15 **반려인 교육을 위한 정보 콘텐츠 제공**

반려견을 키우는 사람들이 많이 고민하는 문제는 자신이 부재할 경우 반려견을 믿고 맡길 만한 사람이 있는가이다. 이러한 고민을 해결하기 위해 '펫시터' 교육 서비스를 제공하고 있는데, 이는 회원 간의 관계가 형성되면 서로 펫시터 교육을 이수하고 일상생활에서 사정이 생겼을 때 서로에게 도움을 주는 형태의 서비스이다.

07

반려동물 산업의 도약을 위한 반려동물 통합 비즈니스 플랫폼 프로젝트

Companion Animal : Industry and Future

07

반려동물 산업의 도약을 위한 반려동물 통합 비즈니스 플랫폼 프로젝트

이 장에서는 반려동물 통합 비즈니스 플랫폼 구현 프로젝트에 대한 기획에서 설계까지의 내용을 소개하고자 한다. 반려동물 산업은 다양한 직업군으로 형성되어 다양한 분야의 사람들이 함께 반려동물 산업을 성장시키고 있다. 그러나 동시에 교육이나 지식 정보를 서로 공유하지 않고 폐쇄적인 형태로 운영을 해 오면서 많은 문제가 발생하고 있다. 기본적으로 고객들과 소통하고 사회적인 문제를 함께 해결해 나가기 위해서는 전체적인 시각을 가지고 접근해야 한다. 이에 반려동물 분야의 다양한 사람들과 협력하여 체계적으로 소비자의 니즈를 분석하고, 또 대응할 수 있는 플랫폼 서비스에 대한 설계를 살펴보고자 한다.

반려동물 O2O 비즈니스 통합 플랫폼은 반려동물 전생애주기 통합을 목표로 한다. 플랫폼 구현의 핵심 시스템은 1:1 지능형 시스템, The

Healing 시스템, 이력 및 정보 관리 시스템, 유기방지 시스템이다. 이를 통해 반려동물 산업의 빅데이터 분석, 시스템 간의 유기적인 연계 및 검증을 통해 안정적이고 체계화된 서비스 관리가 가능하다.

반려동물 O2O 비즈니스 커뮤니티 플랫폼 프로젝트는 반려동물에 대하여 회원들과 소통함으로써 다양한 콘텐츠를 개발하고 적용하는 것이 목적이며, 이로써 애플리케이션이 실질적으로 널리 활용될 수 있도록 한다. 그 예로 앞서 살펴보았듯이 반려견의 실시간 위치와 건강상태를 확인하고, 전국의 지역 정모를 통해 회원 간의 관계(Relationship)를 형성하여 소통하는 프로그램들이 있다.

반려동물 O2O 비즈니스 통합 플랫폼 프로젝트

반려동물 O2O 비즈니스 통합 플랫폼은 낙후된 반려동물 문화를 개선하는 데에 그치지 않고, 반려동물 전생애주기에 기반을 둔 반려동물 O2O 비즈니스 플랫폼 기술 구현을 목표로 한다.

현재 반려동물 O2O(Online to Offline) 시장은 고부가가치 지식 콘텐츠 융합, 신생태계 창출이라는 국내 검증 연구를 통해 글로벌 비즈니스 영역으로 확대되고 있다. 반려동물의 빅데이터 분석을 통해 시스템 간의 유기적인 연계와 검증 및 안정적인 아키텍쳐 구성에 목적을 두고 있다. 이를 통해 1:1 지능형 시스템, The Healing 시스템, 이력 및 정보관리 System, 유기방지 Sytem 구현에 하고자 한다. 반려동물 O2O 비즈니스 플랫폼은 반려동물 산업에 필요한 유연한 서비스를 제공할 수 있으며, 서비스 관리를 체계적으로 할 수 있다.

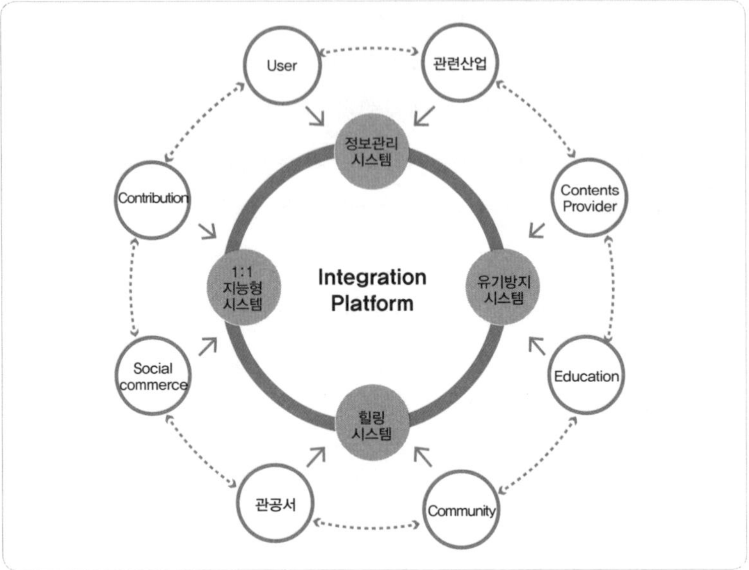

그림 7.1 반려동물 O2O 비즈니스 플랫폼 구현도

1:1 지능형 시스템 모델과 서비스 구현 관점

현재 반려동물 산업에는 지능형 시스템 모델이 전무하다. 그런 점에서 반려동물 O2O 비즈니스 플랫폼은 반려동물 산업에 관련된 1,000개 업체를 등록·매칭하여 소셜커머스와 기부에 대한 체계적인 서비스 모델을 구현한다. 참여 기관에 대하여 확보된 반려동물 사업자 DB를 연계하여 서비스를 설계하며, 충분한 DB 확보를 위해 스타 마케팅 연계 프로젝트를 진행하고 홍보를 적극적으로 하여 추가 DB를 확보한다.

The Healing 시스템과 서비스 구현 관점

반려동물 산업은 낙후된 환경에서 업무 프로세스들이 운영되고 있다. 이 문제를 해결하기 위해서는 업체에 대하여 가맹점 인증 및 Reward 교육 프로그램 등록이 필요하다. 반려동물 O2O 비즈니스 플랫폼은 검증된 사업자(가맹점 사업자) 가맹점 및 프랜차이즈 관리 시스템 구축을 통해 사업자 인증 프로세스를 구현하여 현재의 문제점을 개선한다.

이력 및 정보관리 시스템과 서비스 구현 관점

반려동물 산업의 빅데이터는 빠르게 전파되고 있다. 이에 데이터에 대한 분석이 꼭 필요하다. 정확한 데이터를 관리하게 되면 고객의 니즈를 반영한 맞춤형 제품이나 서비스를 제공할 수 있다. 따라서 반려동물 O2O 비즈니스 플랫폼은 사용자 정보 보안 및 인증, 프로세스, 혈통도, 질병관리를 통합 관리할 수 있는 플랫폼을 구축한다. 반려동물 분양 시부터 사용자가 합리적으로 선택할 수 있는 인증 시스템을 구축하며 반려동물의 전생애주기를 다루는 것을 목표로 한다.

유기방지 시스템과 서비스 구현 관점

최근 반려동물 산업의 가장 큰 화두는 유기동물 문제이다. 유기방지 시스템에 대한 모델은 나오고 있지만, 현 상황에 대한 정확한 빅데이터 분석이 체계적으로 이루어지고 있지는 않다. 그런 점에서 반려동물 O2O 비즈니스 플랫폼은 문제를 해결하려는 관점에서 온라인 등록관련 업무 연계를 통해 업무 효율성 및 원활한 등록을 제공한다. 유기동물에 대한 통합칩(NFC & RFID & Bluetooth) 인식표를 개발하고, Push 채널을 통한 서비스를 구현한다. 통합칩 인식표는 농림수산부검역본부 인증기준에 충족하는 요건으로 개발하여 반려동물 등록과 관련하여 체계적인 시스템을 구축한다.

	핵심 기술/제품	단위	달성목표	현 국내최고수준	현 세계최고수준
1	1:1 지능형 시스템	종	관련 업체 1, 000개 등록 및 매칭 Contents Provider 등록 및 매칭	전무함	-
2	힐링 시스템	종	가맹점 인증 및 Reward 교육프로그램 등록	-	-
3	이력 및 정보 관리 시스템	종	사용자 정보 보안 및 인증, 프로세스, 혈통도, 질병관리	Dr.iPet (아이펫 브랜드)	-
4	유기방지 시스템	종	듀얼칩 인식표 개발, Push 채널(Message)	Zibro(SKT) Pawfinder (이젠컴즈)	생체이식

표 7.1 서비스 구현 모델 목표

비즈니스 모델 개요

반려동물 산업의 급성장과 함께 관련 기술들이 등장하고 있으나, 온라인과 오프라인의 폐쇄적인 구조로 인해, 반려동물 산업 전반을 통합해서 관리할 수 있는 솔루션이 전무하다. 매년 반려동물의 산업의 급성장에 따라, 유기동물 처리의 비용 급증과 온라인 사업자의 무분별한 인식표 생산 및 판매로 반려동물을 키우는 사람들의 많은 불편함과 민원이 제기되고 있다. 이에, 온라인과 오프라인에 대한 산업간의 폐쇄적인 구조를 하나의 통합된 플랫폼으로 구현하고자 한다.

비즈니스 기반 기술

반려동물 O2O 비즈니스 플랫폼의 요건은 앞서 살펴본 4개 시스템의 표준화된 개발환경이 가장 중요하다. 4개 시스템 간의 연계성, 개발의 효율성 제고, 시스템의 유지보수, 그리고 기능성 확장의 용이성을 목적으로 한다. 통합관리 플랫폼 개발의 효율성, 시스템의 안정성, 유지보수를 위해 반려동물 O2O 비즈니스 플랫폼은 전자정보 표준프레임워크를 도입한다. 이를 통해 전자정부 표준프레임워크 기반의 표준화된 개발환경으로 체계적이고 안정적인 플랫폼을 구축할 수 있다.

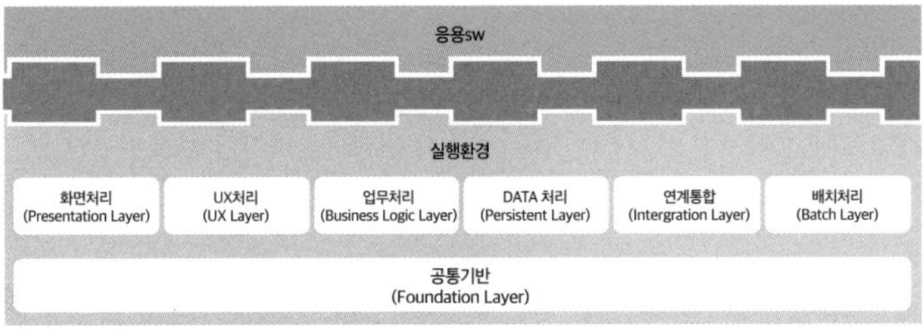

그림 7.2 **전자정부 표준프레임워크 실행환경**

비즈니스 개발 목표 및 도전성과 혁신성

비즈니스 모델의 성공적인 사업화와 안정적인 운영을 위해서 통합칩, 비콘(Beacon)기술과 같은 세부적인 기술 요소의 구현이 필요하다. 통합칩과 비콘기술의 유기적인 결합은 도전성과 혁신성을 지닌다. 반려동물 분실 방지 및 식별을 위해 개발한 통합칩 인식표에 비콘기술을 접목하여 지역 이탈 자동 알림시스템을 구현한다. 반려동물에 부착된 인식표(모듈)로 스마트폰 애플리케이션에 주기적인 신호(Heartbeat)를 보냄으로써, 일정 범위 내 반려동물의 존재 여부를 확인하는 모델을 개발 목표로 한다. 반려동물 통합 플랫폼은 실제 고객의 데이터를 분석하여 맞춤형으로 기술을 통합한 서비스를 제공하는 것에 목적을 두고 있다.

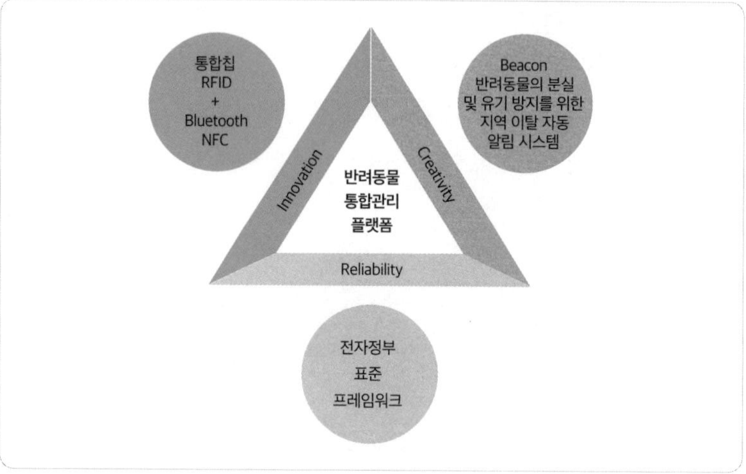

그림 7.3 반려동물 통합 플랫폼 설계

비즈니스 모델 디자인 연계

비즈니스 모델의 디자인을 연계하여 어떠한 환경에서도 동일한 경험과 서비스를 제공받을 수 있도록 개발과 디자인의 협업을 진행한다. 공통연계가 가능한 컴포넌트(Component) 기반의 프레임워크 활용으로 유기적 업무 연계를 진행한다. 소규모 개발 프로세스에서 벗어나 예측 가능한 일정과 퀄리티를 보장하며, 대규모 프로젝트에서 요구되는 개발자 간 합리적 협업이 가능하다.

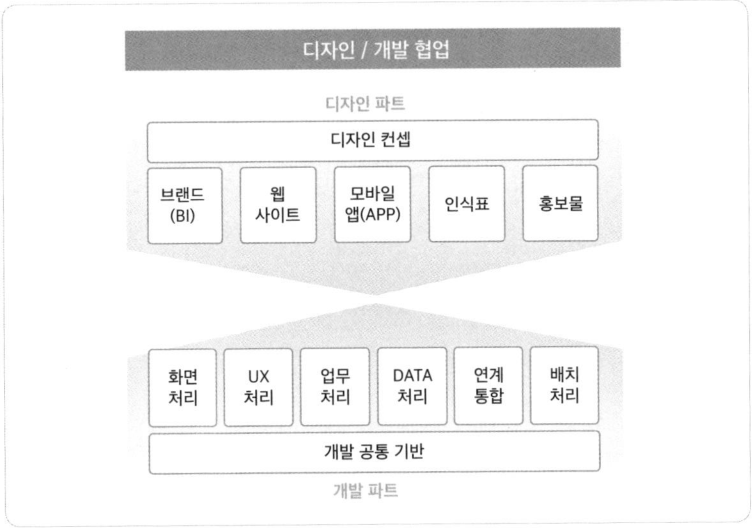

그림 7.4 **비즈니스 모델 디자인 연계 구현도**

반려동물 O2O 비즈니스 커뮤니티 플랫폼 프로젝트

반려동물 O2O 비즈니스 커뮤니티 플랫폼은 반려동물 문화를 개선에 그치지 않고, 반려인과의 소통을 위한 반려동물 O2O 비즈니스 커뮤니티 플랫폼 기술 구현을 목표로 한다.

현재 반려동물 O2O(Online to Offline) 시장은 고부가가치 지식 콘텐츠 융합, 신생태계 창출이라는 국내 검증 연구를 통해서 글로벌 비즈니스 영역으로 확대가 되고 있다. 소비자의 트렌드를 빅데이터 분석함으로써, O2O 비즈니스 커뮤니티 플랫폼의 연계와 검증을 통해 체계적인 아키텍쳐 구성에 목적을 두고 있다.

애플리케이션 기능	평가 항목	BLUE 사	RED 사	GREEN 사
기본 제공 기능	UX/UI	X	O	O
	콘텐츠	O	X	O
	건강/정보	O	X	O
	일정/예방접종	O	O	X
추가 제공 기능	커뮤니티	X	X	O
	소셜커머스	X	X	O
	쇼핑	O	X	O
	GPS	X	X	X
	SNS	O	X	O

표 7.2 반려동물 O2O 비즈니스 커뮤니티 기능 평가표

BLUE사의 애플리케이션은 UX/UI 기능, 커뮤니티, 소셜커머스, GPS 기능이 없으나 고객들에게 제공되는 콘텐츠가 충실하다. RED사의 애플리케이션은 간단한 기본 기능만 제공하고 있으며 고객에게 도움이 될 만한 콘텐츠를 제공하지 않는다. GREEN사의 애플리케이션은 위치기반인 GPS와 일정/예방접종 기능을 제외한 모든 기능을 제공하고 있다. GREEN사의 경우에는 고객의 트렌드와 데이터를 분석하여 고객의 요구사항이 상시 반영된 애플리케이션을 제공한다고 볼 수 있다.

소비자 관계 기반 모델과 서비스 구현 관점

현재 애견카페를 다니는 회원들이 대부분의 전시회, 페스티벌 등 매출을 일으키는 활동적인 회원인 것으로 확인되고 있다. 지역 정모를 통한 회원들과의 관계에 기반을 둔 소통 기반 애플리케이션은 기업 비즈니스의 투자대비수익률을 높일 수 있는 방안이다. 소비자의 직접적인 참여로 얻은 DB를 통해 고객의 성향과 니즈를 판단할 수 있다. 또한

프로모션을 통한 프로젝트 진행과 적극적인 홍보로 추가 DB를 확보할 수 있다.

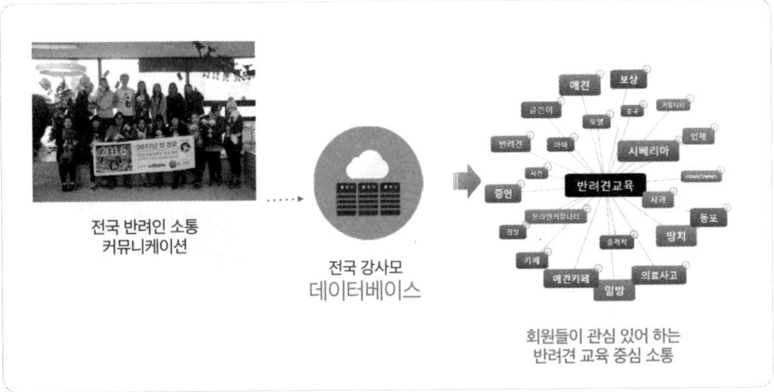

그림 7.5 프로모션을 통한 회원들과의 체계적인 소통

투자대비수익률 기반의 전국 애견카페 DB 수집 서비스 구현 관점

기존의 반려동물 애플리케이션은 소비자의 니즈가 정확히 반영되지 않은 상태에서 업무 프로세스가 운영되고 있다. 이 문제를 해결하기 위해서는 애견카페 인증 및 Reward 교육 프로그램 등록이 필요한 상황이다. 애견카페 이용 소비자의 실시간 트렌드 분석과 소비자의 투자대비수익률을 관리할 수 있는 프로세스를 구현하여 현재의 문제점을 개선해야 한다.

그림 7.6 전국 정모(애견카페)를 기반으로 반려인 네트워크 형성

소비자 커뮤니티 서비스 구현 관점

소비자의 관점에서 빅데이터를 체계적으로 분석하게 되면 트렌드가 어떻게 변화하는지 그 움직임을 알 수 있다. 소비자 커뮤니티 서비스는 반려동물에 대한 정확한 데이터 관리를 통해 고객의 니즈를 반영한 맞춤형 제품이나 서비스를 제공할 수 있다. 반려동물 O2O 비즈니스 커뮤니티 플랫폼은 빠르게 전파되는 데이터를 실시간으로 빠르게 처리한다. 또, 반려동물 분양 시부터 사용자가 합리적으로 선택할 수 있는 인증 시스템을 구축한다. 소비자의 트렌드를 빠르게 분석할 수 있도록 소비자와 소통할 수 있는 좋은 내용의 콘텐츠 제공에 많은 관심을 두고 있다.

그림 7.7 소비자 커뮤니티 서비스 제공(주변 회원과의 소통)

반려동물 O2O 비즈니스 커뮤니티 플랫폼을 이용하면 주변 회원들과 소통함으로써 소비자들의 실제 데이터를 확보할 수 있다. 이 데이터를 빅데이터로 가공함으로써 기업은 투자대비수익률에 대한 수익을 보장할 수 있다. 또한 트렌드를 통해 애견카페 운영에도 체계적인 지원을 제공할 수 있다.

비즈니스 모델 개요

반려동물 산업이 급성장하면서 그와 함께 다양한 기술들이 등장하고 있다. 현재 전국의 애견카페에 수많은 솔루션이 제공되고 있으나 소비자의 니즈를 정확하게 파악하여 실시간 반영할 수 있는 솔루션은 전무한 상황이다. 온라인과 오프라인에 걸쳐 있는 서비스에 대한 산업 간 폐쇄적인 구조로 인해 소비자와의 소통이 이루어지지 않고 있다. 이로 인해 반려동물을 키우는 소비자들은 많은 불편함을 호소하며 민원을 제기하고 있는 상황이다. 이에 반려동물 O2O 비즈니스 커뮤니티 플랫폼은 소비자가 공감할 수 있는 애플리케이션을 통해 소비자의 트렌드를 빅데이터로써 분석하여 실시간 운영에 대한 알림과 공지사항 서비스를 제공하고자 한다.

비즈니스 기반 기술

반려동물 O2O 비즈니스 커뮤니티 플랫폼의 요건은 4개의 시스템의 표준화된 개발환경이 가장 중요하다. 4개 시스템 간의 연계성 및 개발의 효율성의 제고 및 시스템의 유지 보수 및 기능성 확장의 용이성을 목적으로 한다. 반려동물 통합 관리 플랫폼의 개발의 효율성, 시스템의 안정성, 유지보수를 위해서 전자정보 표준 프레임워크를 도입하는데, 이를 통해 전자정부 표준 프레임워크 기반의 표준화된 개발환경으로 체계적이고 안정적인 플랫폼을 구축할 수 있다.

애플리케이션 개발 프레임워크 내의 객체는 요청 전달자만 알 수 있다. 이 프레임워크는 유연하고 확장성이 있는 프레임워크를 생성하기 위해 설계되어 있다. 객체를 구체적으로 구현할 때 요청 전달자

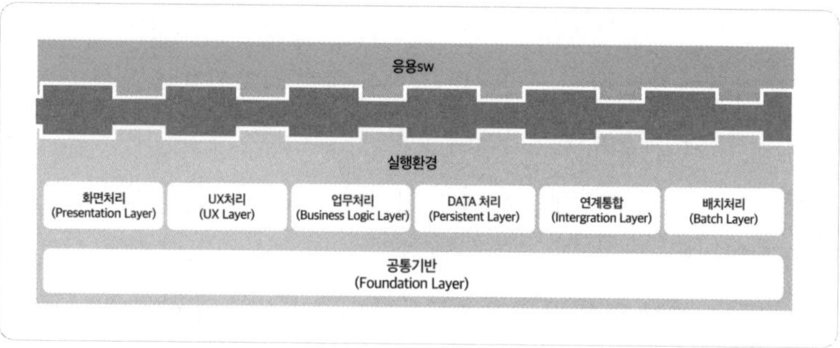

그림 7.8 전자정부 표준프레임워크 실행환경

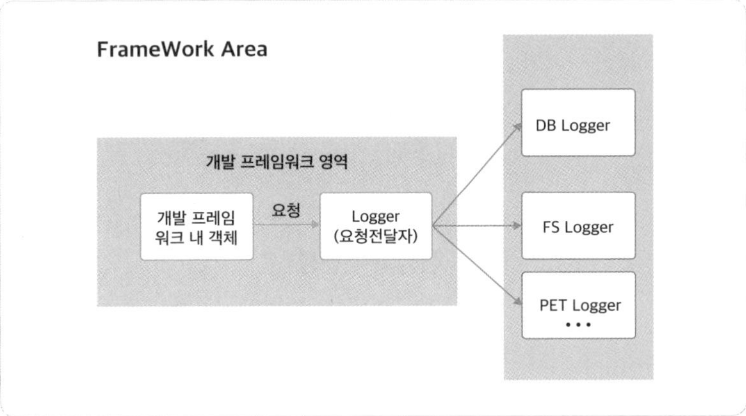

그림 7.9 PET O2O 개발 프레임워크 영역

(logger)를 거쳐 실제(Concreate)의 인스턴스를 생성하고 할당하는 작업을 프레임워크에서 담당한다. 또한 인터페이스를 이용한 패턴의 코드를 프레임워크에 설계하며, 이로 인해 프레임워크에서는 실제 어떤 요청 전달자를 사용하는지에 대해서 알 필요가 없이 빠르게 이용할 수 있다.

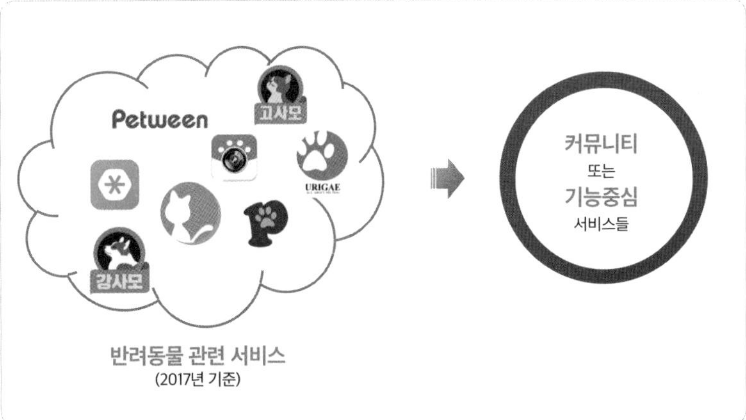

그림 7.10 2017년 반려동물 관련 서비스의 트렌드

기존 기술들은 기능적인 측면에서 빅데이터 소비자 분석 없이 커뮤니티나 특정 기능을 중심으로 제작되었다. 이를 개선하기 위해서는 실시간으로 소비자의 트렌드와 커뮤니티의 데이터를 분석하여 소비자의 니즈를 반영해야 한다.

비즈니스 개발 목표와 도전성과 혁신성

비즈니스 모델의 성공적인 사업화와 안정적인 운영을 위해서, 통합칩과 비콘기술과 같은 세부적인 기술 요소의 구현이 필요하다. 통합칩과 비콘기술의 유기적인 결합은 도전성과 혁신성을 지닌다. 반려동물 분실 방지 및 식별을 위한 통합칩(Bluetooth & NFC & RFID) 인식표를 개발하고, 비콘기술을 이용한 반려동물의 분실 및 유기방지를 위한 지역 이탈 자동 알림시스템을 구현한다. 반려동물에 부착된 인식표(모듈)로 스마트폰 애플리케이션에 신호를 보냄으로써, 일정 범위 안에 반려동물의 존재 여부를 확인하는 모델을 개발 목표로 한다. 반려동물 통합 플

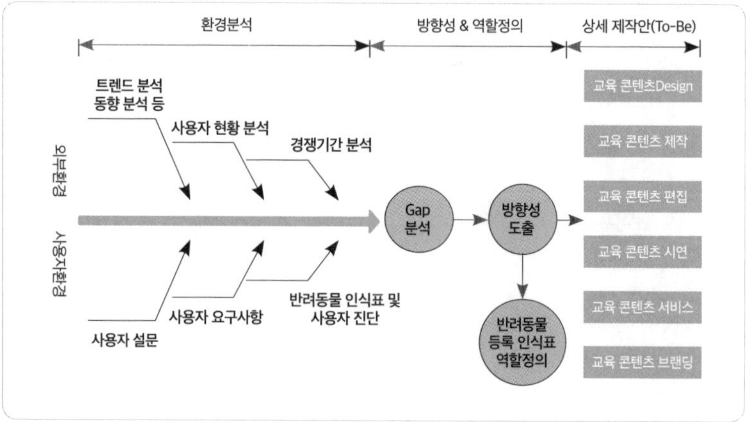

그림 7.11 소비자 트렌드 분석을 통한 프레임워크 실행 환경

랫폼의 기술은 실제 고객의 데이터를 분석하여, 맞춤형으로 기술을 통합한 서비스를 제공하게 되는 것에 목적을 두고 있다.

비즈니스 모델 디자인 연계

비즈니스 모델의 디자인을 연계하여, 어떠한 환경에서도 동일한 경험과 서비스를 제공받을 수 있도록 개발과 디자인의 협업을 진행한다. 공통연계가 가능한 컴포넌트 기반의 프레임워크 활용으로 유기적 업무 연계를 진행한다. 소규모 개발 프로세스에서 벗어나 예측가능한 일정과 퀄리티를 보장하며, 대규모 프로젝트에서 요구되는 개발자 간 합리적 협업이 가능하다.

그림 7.12 비즈니스 모델 디자인 연계 구현도

반려동물 통합 비즈니스 플랫폼 미래 전망

반려동물 산업의 시장 규모는 매년 두 자리수 이상의 성장세를 보이고 있다.

구 분	시장규모(2013년)	시장규모(2014)	시장규모(2015)
국내시장규모	1조 2천억 원	1조 5천억 원	1조 8천억 원
세계시장규모 (미국+일본)	77조 원	80조 원	90조 원

표 7.3 국내외 반려동물 산업시장 규모

현재 국내의 경우 반려동물 산업 사업자와 고객의 요구를 모두 만족시킬 수 있는 서비스가 전무하다. 이에 반려동물 전생애주기 O2O 비즈니스 플랫폼 구축에 대한 연구가 절실하다. 반려동물 O2O 비즈니스 플랫폼은 반려동물 산업에 필요한 서비스를 제공하고 서비스를 체계적으로 관리할 수 있도록 한다. 또한 고객의 관점에서 플랫폼의 효율성 및 안정성을 검증하여 효율적인 서비스를 제공하고자 한다. 반려동물의 빅데이터 분석을 통해 온/오프라인 사업자와 고객을 유기적으로 연결하여 새로운 가치를 창출하는 것이 현실적으로 필요하다. 이는 사업자와 고객을 이해하고 플랫폼 서비스의 가치를 높이는 일이다.

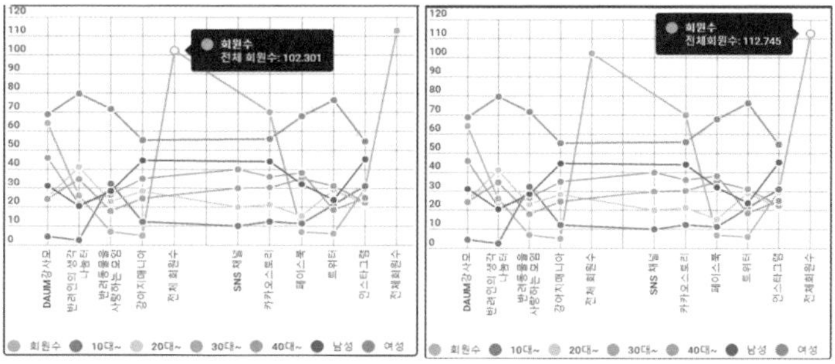

<바이럴 마케팅 채널 10만> <SNS 채널 10만>

그림 7.13 **20만 명 회원들의 반려동물 애플리케이션 사용 수치 통계**

최근 커뮤니티 및 SNS 회원들을 대상으로 반려동물 애플리케이션 사용도를 조사한 결과 남성보다는 여성이 다소 사용 빈도가 높았으며, 많이 사용하는 연령대는 30대와 40대가 주류를 이루고 있음을 알 수 있다.

앞으로 국내시장 규모는 2020년까지 6조 시장을 바라보고 있다. 현재 국외 반려동물 산업시장의 규모 역시 105조 원에 이르며 각각 미국 35조, 일본 15조, 영국 9조, 중국 9조, 독일 7조 규모로 연평균 성장율이 5%에 이르고 있다. 국내의 경우는 반려동물 O2O 비즈니스 커뮤니티 플랫폼에 대한 서비스가 체계적으로 개발되지 않아 많은 혼란을 초래하고 있다. 수많은 반려인들과 소통을 하면 소비자의 니즈를 정확하게 얻어낼 수가 있다. 하지만 현재 반려동물에 대한 전체적인 관점인 전 생애주기를 기반으로 하는 O2O 비즈니스 커뮤니티 플랫폼에 대한 연구가 제대로 이루어지지 않고 있다.

반려동물 O2O 비즈니스 커뮤니티 플랫폼은 반려동물 산업에 필요한 소비자의 니즈를 반영한 서비스 제공과 관리가 가능한 플랫폼이다. 향후 소비자의 트렌드를 실시간으로 반영하여 신속 정확하게 효율적인 서비스를 제공한다.

반려동물 O2O 비즈니스 커뮤니티 플랫폼은 반려동물 O2O 빅데이터를 체계적으로 분석함으로써 새로운 부가가치를 창출해 낼 수 있다. 소비자의 트렌드를 이해하고 새로운 경험의 가치를 담아낼 수 있기 때문이다. 또한 애플리케이션으로써 빅데이터를 실시간으로 반영하여 소비자의 니즈를 실시간으로 반영하는 안정적이고 체계적인 통합 솔루션을 제공할 수 있다. 변화하는 반려동물 산업 시장의 미래에는 반려동물 데이터를 활용한 다양한 애플리케이션들이 출시될 것으로 예상된다.

08

반려동물 산업의 커뮤니케이션 원칙 (성공을 위한 커뮤니케이션 7가지)

Companion Animal : Industry and Future

08

반려동물 산업의 커뮤니케이션 원칙 (성공을 위한 커뮤니케이션 7가지)

반려동물 산업이 급성장하면서 많은 업체들과 기업들이 탄생했다. 하지만 서로 배려하고 이해하는 가운데 비즈니스를 진행해야 함에도 교육 체계 없이 하다 보니 서로 제대로 소통이 되지 않는다. 이에 본 장에서는 반려동물 산업에서 성공하기 위한 커뮤니케이션 7가지를 살펴보고자 한다.

커뮤니케이션에도 원칙이 있다. 원칙을 잘 지키면 변화하는 환경에서 새로운 비즈니스의 기회를 얻을 수 있다. 또한 상대방이 내는 소리에 대하여 정확히 인지할 수 있기 때문에 위험요소를 최소화할 수 있는 장점이 있다.

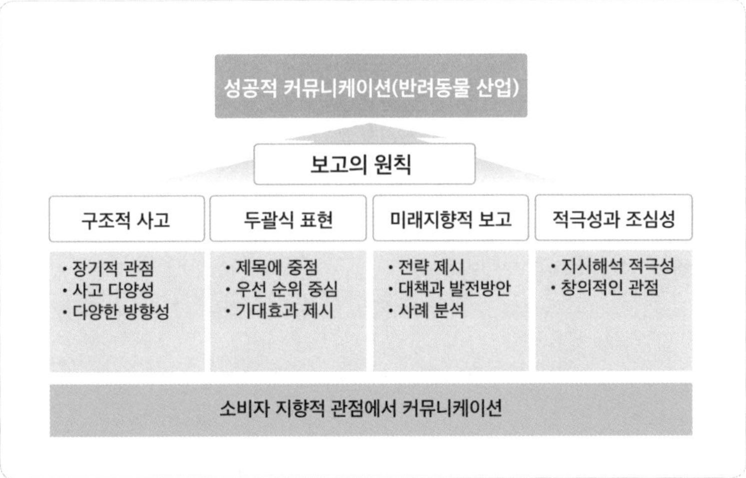

그림 8.1 반려동물 산업의 소비자 지향적 관점 커뮤니케이션

성공적인 커뮤니케이션을 위한 마스터 플랜(Master Plan)

비즈니스를 하다 보면 많은 사람들을 만나게 된다. 사람들을 만나 성공적으로 대화하려면 보고의 원칙을 잘 지키는 것이 중요하다. 항상 성공적인 커뮤니케이션을 하기 위해서는 마스터 플랜(Master Plan)이 필요하다. 전체적인 관점에서 그림을 그린 후에 상대방과 대화하여 시간 낭비를 줄여야 한다. 분명 많은 기회가 찾아온다. 이 기회를 잘 살리기 위해서는 소비자 지향적 관점에서 커뮤니케이션하는 것이 매우 중요하다. 중요한 것은 커뮤니케이션을 잘 준비하여 위험요소를 최소한으로 줄여야 한다는 사실이다.

1. 반려동물 산업 소비자 커뮤니케이션 원칙

- **대상** 대화를 진행할 사람은 누구인가?
- **니즈** 무엇을 알고 싶어 하는가?
- **범위** 어느 범위까지 알고 있는가?
- **핵심** 핵심 내용은 무엇인가?

소비자와의 커뮤니케이션에서 원칙으로 삼아야 할 것은 대상, 니즈, 범위, 그리고 전달하고자 하는 핵심 메시지를 체계적으로 준비하는 것이다. 우리는 삶의 순간에서 많은 사람들을 만나고 있다. 사람들과의 만남 속에서 대상과 니즈를 분석하고 범위와 핵심을 설정하는 것은 커뮤니케이션의 기본이 된다. 많은 사람이 이 사실을 인지하고 있으면서도 커뮤니케이션에서 어려워하는 이유는 이러한 기본을 잘 지키지 않기 때문이다.

2. 구조적 사고의 원칙

- **안목** 장기적 안목 관점
- **범위** 전체적인 범위 설정
- **본질** 상황에 대한 본질의 명확화
- **우선순위** 상황의 중요성과 긴급성

우리는 커뮤니케이션에 앞서 안목과 범위를 잘 생각해 보아야 한다. 성공적인 비즈니스 커뮤니케이션을 위해서는 단순히 눈앞에 처한 상황에 먼저 대응하고 대처하기보다는 장기적인 관점에서 범위를 바라보는 것이 매우 중요하다. 우리는 항상 상황의 본질을 잘 판단해야 한다. 상황은 매일 변하지만 본질은 변하지 않는다. 비즈니스 상황에서 본질을 정확히 파악하는 것은 앞으로 일어날 무수한 상황에 대하여 트렌드를 읽고 방향성을 잡는 매우 중요한 기준이 된다. 구조적 사고의 원칙에서 성공하기 위해서는 관점에 대한 우선순위를 잘 정의하고 수립할 필요가 있다. 성공한 사람들은 어떠한 일을 하든지 일의 우선순위를 명확하게 잘 수립한다. 우선순위를 정의하는 데에는 인간관계에서 무수히 실패하고 현업에서 난관을 헤쳐 나가면서 배운 경험이 기준이 되는 경우가 많다. 우리는 많이 경험해야 한다. 그 경험을 토대로 지금보다 더 나은 미래를 만들어 갈 수 있기 때문이다.

3. 두괄식 표현의 원칙

- **표현** 복잡한 내용을 단순화
- **사안** 핵심 사안을 제목으로
- **이유** 전달받는 사람의 빠른 메시지 전달
- **보고의 흐름** 핵심요약→중요사실→세부내용

한 해 동안 300명의 CEO 및 임원진들과 미팅을 하면서 느낀 것이 있다. 대기업이나 외국계 기업일수록 표현과 사안에 명확한 이유가 있다는 것이다. 또 놀라운 것은 대부분의 사람들이 대화를 할 때 두괄식 표현을 사용했다는 것이었다. 사람들은 어떤 대화를 할 때 인사이트(insight)가 있는지 없는지를 논하는 경우가 많다. 한 분야에서 유명하거나 고액 연봉을 받는 사람일수록 대화를 해 보면 두괄식 표현을 사용하여 상대방의 마음을 사로잡는 경우가 많았다. 또한 서로 상호작용을 하는 대화에서 이유를 명확하게 하며, 원활한 커뮤니케이션을 위해 보고의 흐름을 잘 지키고 있었다. 보고의 흐름은 첫 번째로 핵심을 요약하여 전달한다. 두 번째로 중요사실에 대하여 명확히 한다. 세 번째로 세부내용에 대하여 자세하게 설명한다. 이와 같은 흐름은 상대방으로 하여금 빠르게 인지하고 쉽게 공감할 수 있도록 한다. 주제와 내용이 같아도 10분 만에 끝나는 회의가 있고, 1시간이 지나고 2시간이 지나도 안 끝나는 회의가 있다. 그런 회의는 대부분 모두 미괄식으로 진행되는 경우가 많다. 무슨 일을 하든지 두괄식으로 표현하는 것은 그 사람의 미래를 브랜딩(branding)하는 데에 정말 큰 도움이 된다.

4. 미래 지향성의 원칙

- **보고** 전략적 방향의 제시
- **생각** 현재보다는 미래 관점
- **향상** 사례(벤치마킹)의 적용

미래 지향성의 원칙을 지키면 커뮤니케이션 내용에 대한 신뢰성을 높일 수 있다. 미래 지향성의 원칙은 단순히 앞만 보고 살아가는 것이 아니라 때로는 뒤도 돌아볼 수 있는 여유를 찾게 해 주는 것이다. 현재 반려동물 산업에는 수많은 '나무'들이 있다. 그 나무들에 순간순간 변화가 일어나지만 전체적인 관점으로 볼 때 반려동물 산업이라는 '숲'이 어떤 방향으로 가고 있는지는 예측하기가 힘들다. 당신이 만약 숲을 보고자 한다면 보고에 대한 전략적인 방향을 항상 고민해야 하며, 현재보다는 미래의 변화에 대해 많은 고민을 해야 한다. 또한 문제를 해결하기 위해서는 향상을 목적으로 사례 연구에 힘써야 할 것이다. 해외의 경우 반려동물 문화에 대해서는 우리보다 먼저 길을 걸어갔다. 많은 노하우와 경험을 가지고 있는 해외의 사례를 검토한다면 미래 지향성의 원칙으로 인해 비즈니스 상황에서 원활히 소통할 수 있을 것이다.

5. 대안 제시를 통한 건의형의 원칙

- **힘든 이유** 인식의 벽, 문화의 벽, 감정의 벽
- **극복방안** 적극적, 긍정적 자세
- **선결조건** 보고내용에 관한 전문가적 역량 필요
- **의식** 주인의식에 의한 소명감

비즈니스 상황은 변화의 연속이다. 어려운 문제가 발생하면 문제에 부딪친 그 장벽이 인식의 벽인지, 문화의 벽인지, 감정의 벽인지를 한 번 생각해 보아야 한다. 문제에 대한 고민은 항상 대안을 찾는 것에 목적이 있다. 이 문제를 해결하기 위해서 극복 방안을 고려해야 한다. 즉, 적극적으로 할 것인지, 아니면 긍정적으로 할 것인지도 함께 고려해야 한다. 또한 선결조건으로는 보고 내용에 관한 전문가적 역량이 필요하므로 주변에 전문가들의 조언이나 내용을 참고하는 것이 중요하다. 이때 선결조건을 통해서 우리는 대안을 제시할 수 있는 방안을 찾을 수 있다. 항상 주인의식을 가지고 일을 진행하면 자신만의 소명감을 가지게 된다. 프로와 아마추어의 차이는 바로 이 주인의식과 소명감을 얼마나 가지고 있는가로 구분할 수 있다.

6. 적극성의 원칙

- **적극성 잃은 보고** 질문 시 답변, 중간 보고 생략
- **상사 착각** 배려심, 다정다감, 인내심, 개방성
- **활성화** 상사는 접근성을 제공하고 부하는 적극성 활용
- **자세** 스트레스 받더라도 보고

우리가 비즈니스 상황을 맞아 업무를 수행하는 경우는 주로 조직에 속해 있을 때이다. 당신이 어떠한 업무를 처리하더라도 상사와 부하 직원과의 관계는 지속될 수밖에 없다. 일을 하다 보면 상사와 부딪치게 되고 이로 인해 부하 직원은 '적극성을 잃은 보고'를 할 때가 있다. 이때 범하는 가장 큰 오류는 질문 시 답변이나 중간보고를 생략하는 것이다. 사람들은 항상 자신의 관점에서 말하고자 한다. 즉 듣고 싶은 대로 듣고, 말하고 싶은 대로 말한다. 이로 인해 상사를 불신하게 되면 종종 불화로 이어지는 경우가 있다. 냉정하게 생각해 보면 상사가 항상 배려심, 다정다감, 인내심, 개방성을 갖추고 있지는 않다. 상사라고 해서 이런 부분을 다 수용할 만큼 여유로운 사람은 없다. 상사와 부하직원이 원활하게 소통하여 조직의 적극성을 높이려면 상사는 접근성을 제공하고 부하직원은 적극적으로 커뮤니케이션하는 것이 매우 중요하다. 모든 언어는 언제나 상호작용을 한다. 서로 스트레스를 받더라도 보고하고 함께 어울리면서 서로의 다른 면을 이해하고 부딪쳐 가는 것이 가장 중요한 적극성의 원칙이다.

7. 조심성의 원칙: 의견의 제시 방법

- **제 상황은 다른데요**→이런 측면도 있지 않습니까?
- **꼭 그렇지는 않습니다**→이럴 수 있지 않을까요?
- **A가 우선입니다**→A가 우선인데 어떤 것이 좋을까요?
- **선택은 상사의 몫으로 남겨둔다**

우리는 커뮤니케이션을 함에 있어 조심성의 원칙을 지키지 않는 경우가 매우 많다. 커뮤니케이션을 잘하는 사람들의 특징은 이른바 돌직구 발언보다는 의견을 제시하는 방법으로 의사를 표현한다. 예를 들어 견해가 다른 상황에서 누군가 "제 생각은 다른데요"라고 이야기하는 것과 "이런 측면도 있지 않습니까?"라고 이야기하는 경우를 생각해 보자. "제 생각은 다른데요"라는 말을 듣는 순간 상대방은 마음이 상할 수 있고 이로 인해 감정의 벽을 쌓을 수 있다. 반면 "이런 측면도 있지 않습니까?"라는 말을 듣는다면 상대방은 존중받고 있다는 느낌과 함께 그 의견이 좋을 수도 있겠다는 생각을 하게 될 것이다. "'아' 다르고 '어' 다르다"는 말이 있다. 그처럼 사소한 표현 하나하나가 비즈니스에서는 중요한 열쇠가 되기도 한다. 이와 더불어 "꼭 그렇지는 않습니다"와 "그럴 수도 있지 않을까요?"라는 표현도 사용해 보자. 상대방이 느끼는 것은 확연히 다르다.

우리는 현업에서 우선순위를 결정하는 문제를 놓고 많은 고민을 한다. 만약 우선순위를 논하는 회의에서 "A가 우선입니다"라는 의사를 "제 생각에는 A가 우선인 듯한데 어떻게 하는 것이 좋을까요?"라고 표현한다면 상사에게 좋은 인상을 남길 수 있다. 항상 선택은 상사의 몫으로 남겨 두어야 한다. 함께 일하는 직원은 주어진 영역에서 최선을 다하고 본인의 범위를 벗어나는 부분은 명확히 구분할 필요가 있다. 세상은 경험을 통해 발전하게 되어 있다. 가장 중요한 것은 주어진 상황을 회피하기보다는 부딪쳐 나가면서 그 상황에 맞는 좋은 의견을 제시하는 것이다. 여기서 말하는 좋은 의견이라는 것은 상대방을 존중하면서 언어 표현을 부드럽게 돌려 이야기하는 지혜를 의미한다. 앞으로 대한민국의 시대는 1인 브랜드 시대이다. 자신의 언어 표현이 결국 그 사람의 가치를 브랜딩하는 결과를 가져올 것이다. 미래의 또 다른 나를 만들어 가는 가장 중요한 열쇠는 바로 여러분이 가진 언어 표현이다.

09

반려동물 문화에서 빅데이터 분석을 말하다

Companion Animal : Industry and Future

09

반려동물 문화에서 빅데이터 분석을 말하다

이 장에서는 반려동물 문화의 관점에서 빅데이터 분석을 설명하고자 한다. 나는 반려동물 산업이 놓친 단 한 가지가 바로 소비자의 소리라고 생각한다. 이 소리를 듣기 위해서는 빅데이터 분석을 통하여 소비자의 동향을 철저하게 파악할 수 있어야 한다.

문화(文化)란 사전적 의미로 "자연 상태에서 벗어나 일정한 목적 또는 생활 이상을 실현하고자 사회 구성원에 의하여 습득, 공유, 전달되는 행동 양식이나 생활양식의 과정 및 그 과정에서 이룩하여 낸 물질적, 정신적 소득을 통틀어 이르는 말"이다. 이는 의식주를 비롯하여 언어, 풍습, 종교, 학문, 예술, 제도 따위를 모두 포함한다.

반려동물 문화는 무엇인가? 반려동물 문화라는 것은 서로 속고 속이는 관계가 아니라 서로 공감하고 삶을 나누는 관계 속에서 만들어 가는 경험이 아닐까 생각한다. 우리에게는 반려동물이라는 존재가 중간 매개체로 연결되어 있다. 많은 사람들이 반려동물 문화를 이야기한다. 하지만 반려동물을 키우면서 희로애락을 경험하지 못한 사람들은 항상 일부분만을 이야기한다. 반려동물의 전생애에는 많은 이야기가 존재한다. 이 이야기들은 모두 상황별로 다르기 때문에 반려인들은 서로 삶을 나누기만 하여도 서로 다른 경험을 주고받으며 교훈과 지식을 얻을 수 있다.

반려동물 문화에 대한 빅데이터 분석은 이제 꼭 필요한 시대가 되었다. 4차 산업혁명 시대에는 데이터를 분석하여 얻은 결과로 새로운 비즈니스의 기회를 만들 수 있기 때문이다.

반려동물 빅데이터 분석은 무엇인가?

그림 9.1 4차 혁명시대의 빅데이터를 통한 비즈니스 관점(새로운 기회)

반려동물 문화에 대한 빅데이터는 디지털 환경에서 다양한 채널을 통해 생성되는 데이터로 그 규모와 다양성이 확대되고 있으며 매우 빠른 속도로 데이터가 생성되고 있다. 데이터의 형태와 수치뿐만 아니라 문자와 영상 데이터를 모두 포함하여 빅데이터라고 말한다.

빅데이터 환경은 1990년대에 들어 갖추어지기 시작했지만 반려동물 산업의 데이터는 실제적으로 다양하게 표현되지 못했다. 하지만 모바일 시대에 접어들어 스마트폰 보급이 확대되면서 과거에 비해 반려동물 데이터가 양적으로 증가했다. 반려동물을 키우는 사람들의 다양한 위치정보 외에도 SNS를 통해 드러난 다양한 생각과 의견을 분석하여 빅데이터로 예측하고 활용할 수 있다.

반려동물 빅데이터 분석을 통해 부분이 아니라 전체를 바라볼 수 있어야 한다

세상은 이슈되는 한 사건을 부각시켜 항상 나무만 보여 줄 뿐, 숲은 절대 보여 주지 않는다. 현재의 반려동물 빅데이터를 분석해 보면 반려동물 산업의 전문가들이 서로 소통하고 있지 않다는 것을 알 수 있다. 또한 소비자들의 눈높이에 맞춘 콘텐츠를 생성하지 못한다는 것을 알 수 있다. 나무를 바라보는 것과 숲은 바라보는 것에는 절대적인 차이가 있다. 소비자의 동향을 정확하게 이해하기 위해서는 정확한 데이터를 비롯해 이를 전체적으로 이해할 수 있는 시각이 있어야 한다.

반려동물 산업의 빅데이터를 분석하고 이해하려면 소비자의 눈높이에서 그들이 왜 그런 이야기를 하고 있는지를 먼저 생각해 보아야 한다. 이것이 밑바탕이 되어야 소비자가 원하는 바를 정확히 읽을 수 있다. 이러한 노력이 새로운 문화를 창조해 낼 수 있는 열쇠가 될 것이며, 이

때 비로소 산업에 종사하는 사람들에게는 빅데이터가 투자대비수익률을 올릴 수 있는 소중한 데이터가 될 것이다.

반려동물 빅데이터의 중요성과 활용사례

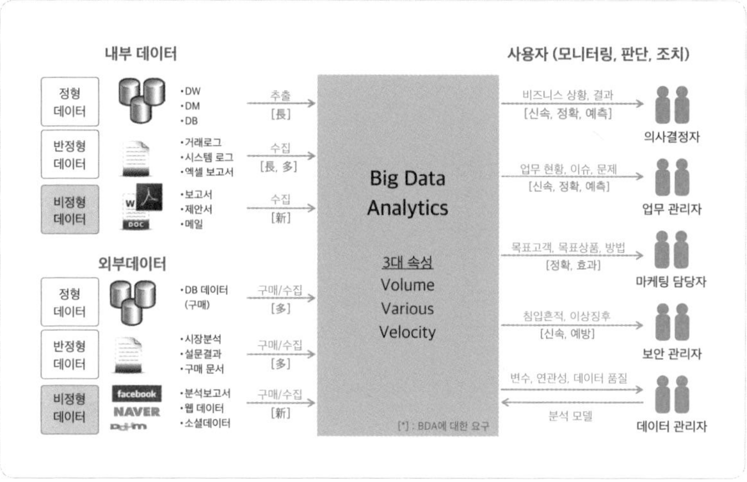

그림 9.2 **반려동물 빅데이터의 중요성과 활용사례**

반려동물 빅데이터를 활용하면 반려동물 문화와 산업의 변화에 가장 빠르게 대응할 수 있는 정보를 생산해 낼 수 있다. 현재 반려동물 산업은 급성장하고 있다. 그러나 반려동물 문화에 대한 시각은 아직도 성장이 더디다. 소비자의 소리에 귀 기울이는 것은 매우 중요하다. 그렇기에 이제 빅데이터를 활용하는 능력이 필수인 시대가 도래했다. 현재까지 3차 산업혁명이 일어나 발생된 데이터는 많지만 그 데이터를 분석하고 가공하면서 얻는 정보 데이터의 활용은 4차 산업혁명 시대에 다양한 방식으로 출현할 것이다. 인공지능(AI), 딥러닝(Deep Learning) 등의 다양한 빅데이터 분석 방법이 활용되는 시대에 발 빠른 대응을 할 수 있다면, 문화와 산업에 새로운 변화를 가져올 것이다.

현재 빅데이터 활용사례의 선두는 구글이다. 구글은 데이터를 많이 보유하면 보유할수록 정보의 품질이 높아진다는 사실을 인터넷 검색이라는 방식을 통해 직접 보여 주고 있는 기업으로 유명하다. 이는 구글이 가진 구글 분산파일 시스템과 맵리듀스(Map Reduce)라는 새로운 처리기술로 방대한 작업을 처리하고 있기 때문이다. 어떠한 것이든 검색을 통했을 때 단순히 제목과 내용만 도출해 내는 것이 아니라 이것을 측정해 지수와 수치로 환산한다. 이를 통해 주기와 특성, 다양성에 대한 분석을 진행함으로써 새로운 빅데이터 기술을 만들어 가고 있는 것이다.

빅데이터라고 해서 이해하기 어려운 정보를 만들어 내는 것이 아니다. 다가오는 4차 산업혁명 시대에서는 데이터를 데이터로만 바라보는 것이 아니라 이를 이해하고 분석하여 또 다른 데이터로 창출하고 활용하는 능력이 중요해질 것이다.

아마존은 온라인 쇼핑몰에서 빅데이터를 활용한 대표적인 기업이다. 아마존은 고객의 구매 데이터를 분석해 특정 책을 구입하는 사람들이 추가로 구매할 만한 연관 도서를 추천하는 시스템을 개발하여 고객들에게 서비스하고 있다. 고객이 구입할 것으로 예상되는 책을 추천하고 이에 대해 할인 쿠폰을 지급한다. 이것은 전형적인 데이터 분석을 통한 마케팅 기법이다. 아마존은 현재도 많은 변화를 이루어 내고 있다. 현재는 클라우드(Cloud) 서비스를 통해 비정형 빅데이터를 처리해 주는 데이터베이스를 개발하여 빅데이터 관련 선두기업으로 입지를 다지고 있는 상황이다. 세상은 변화하고 있다. 빅데이터 시장도 함께 변화할 것이다. 반려동물 문화와 산업에 대한 빅데이터 시장은 이제 시작이다. 지금은 데이터에 대한 연구와 체계적인 분석이 매우 필요한 시점이다.

반려동물 문화에 대한 시각은 사람들의 선택에 따라 변할 수 있다. 지난 한두 해를 지나오면서 참 많은 생각을 했다. 강아지가 좋은, 단지 그 마음으로 많은 사람들을 만나고 인터뷰 했다.

실천하지 않으면서 반려동물의 복지와 동물보호를 말하고 싶지 않았다. 덕분에 지금 무척 가난하고 힘든 삶을 살아가고 있다. 내 반려견 코코는 허리디스크에 걸렸다. 수술과 통원 치료비로 1,000만 원 이상을 지출했다. 현재도 진료비 문제를 비롯하여 동물복지에 대한 문제가 계속해 발생하고 있으며 반려인들은 이를 자가부담으로 감당해 나가고 있다. 반려견은 가족이라는 마음을 실천하고 있는 것이다. 하지만 대한민국은 반려동물에 대한 의료보험 혜택이 이루어지지 않아 결국 소비자들이 유기견, 유기묘를 만들 수밖에 없는 안타까운 현실에 놓여 있다. 누군가가 변화를 위한 도전을 시작한다면 함께 공감하는 사람들이 생겨날 것이며 훗날에는 반려동물 의료보험의 미래를 이야기할 수 있을 것이다.

반려동물 문화라는 것은 특별한 것이 아니다. 단 한 글자로 표현하자면 '삶'이라고 말하고 싶다. 우리의 인식과 생각이 바뀌어야 한다. 단언컨대 이제 우리는 "반려동물은 가족이다"라는 슬로건처럼 우리의 가슴에 있는 메시지를 변화시켜야 한다. 이 메시지가 가슴으로 느껴지는 그날! 우리는 다음세대에게 올바른 반려동물 문화를 이야기할 수 있을 것이다. 언젠가는 다음세대 아이들에게 반려동물 문화는 사람들이 함께 협력해서 만들어 가는 것이라고 자신 있게 말하고 싶다. 그리고 반려동물 문화가 함께 공감하고 소통할 때 비로소 변화할 수 있다고 말해 줄 수 있는 사람이 되고 싶다. 반려동물을 사랑하고 이들의 생명을 존중하는 공간에서 다음세대 아이들과 함께하는 그 순간을 그리며, 오늘도 소중한 사람을 찾아 길을 떠나 본다.

마지막으로 우리 강아지와 고양이들, 그리고 모두 꼽을 수 없는 소중한 모든 반려동물들이 지금보다 더 나은 행복한 삶을 살아가길 간절히 바라고 기도한다. 우리의 작은 시작에서부터 언젠가는 반려동물 산업과 문화가 바뀔 것이다. 가장 중요한 것은 우리가 특별한 무엇을 행하는 것이 아니라 우리 함께 살아가는 사람들이 서로의 마음을 이해하고 배려하며 함께 공감할 수 있는 것에 길이 있다는 사실이다.

사람들의 마음에 소중한 기억이 추억이 되어 잊혀지지 않는 것처럼 우리의 삶도 다음세대 아이들에게 잊혀지지 않는 추억으로 기억될 수 있도록 우리 기성세대들이 함께 협력하여 좋은 반려동물 문화를 만들어 갔으면 한다. 이 책에서 나는 공감(sympathy)이라는 메시지를 전하고 싶었다. 단언컨대, 4차 혁명시대의 가장 중요한 변화와 성공의 중심에는 소비자가 있음을 잊지 않았으면 한다. 앞으로 다가올 반려동물 산업의 미래는 소비자들이 어떻게 생각하는지 함께 느끼면서 공감하는 기관, 단체, 기업들이 그려줄 것이다. 사람들은 특별한 것을 원하지 않는다. 그들은 서로를 아끼는 마음으로 함께 이야기를 들어주며 서로를 이해하는 공감 가득한 세상을 원하는 것이다.

누군가는 표현했기에 그 다음이 있는 것이다. 누군가는 공감했기에 변화는 시작되는 것이다. 그 누군가가 바로 우리가 되어 함께 협력하여 멋진 미래를 만들어가길 소망한다. 많은 사람들을 만났고 그들의 소리를 들으며 아픔을 알게 되었다. 책이 된 저자의 이 표현이 미력하나마 우리 다음세대 아이들과 기성세대들에게 변화의 씨앗이 되길 진심으로 바란다.

10

반려동물 이슈

Companion Animal : Industry and Future

10

반려동물 이슈

본 장에서는 최근 2018년도부터 2019년 현재 시점까지 반려동물 이슈의 관점에서 바라본 내용을 설명하고자 한다. 반려동물 산업과 문화에서 일어나는 다양한 이슈에 대하여 독자들이 여러 가지 관점으로 바라보기를 바란다. 지식과 정보는 각자의 삶의 환경과 상황에 따라 다르게 이해되고 판단된다. 즉, 개개인의 특성이 모두 다르기 때문에 서로 다른 환경에서 바라보는 관점은 때로 알지 못하는 또 다른 중요한 정보가 되기도 한다. 이슈는 쟁점과 논쟁거리를 나타내는 용어이다. 어떠한 문제에 대하여 논쟁하거나 주장하는 형식으로 표현된다. 반려동물 문화와 산업이 올바른 발전을 하기 위해서는 함께하는 구성원들이 서로 전달하는 내용을 이해하고 판단할 수 있도록 최소한의 기본적인 소양이 준비되어야 한다. 그러나, 현재의 반려동물 이슈 대부분은 유명하거나 전문가적인 특성을 가진 사람들의 한마디에 쉽게 여론이 형성되어 움직이는 것을 볼 수 있다. 이는 매우 위험한 형태로 반려동물 보호자들이나 사회 구성원들의 지식과 정보에 대한 기본적 소양 준비가 미비하다는 것을 알 수 있다. 사소한 것이 가지는 의미를 어떻게 해석하여 전달하느냐에 따라서 맞는 말과 틀린 말이 될 수 있다. 왜냐하면 각자의 주관적인 해석을, 근거를 기반으로 표현하지 않고 개인의 경험이나 의견에 치중하여 말하는 경우가 많기 때문이다. 또한, 대부분의 사람들이 이에 대해 옳은지 그른지 검토하지 않고 무조건적으로 받아들이는 엄청난 오류를 반복하고 있다. 미래의 다음세대가 이끌어 가는 반려동물 문화와 산업은 이러한 일방적 소통이 아닌 양방향의 소통이 이루어지는 환경으로 바뀌기를 바란다. 이에 다양한 반려동물 이슈와 관점에서 반려동물 이슈에 대한 문제와 고민을 함께 재해석해 보고자 한다.

개통령 뜻은 무엇일까?

반려동물 문화의 시각에서 봤을 때 개통령은 여전히 매스컴이 만들어 내고 있다.

반려동물 1000만인 시대에 접어들고 개통령이라는 말이 나오고 있다. 그런데, 대통령이라는 뜻은 본래 한 나라의 국민들이 선출하여 당선된 당선자를 의미한다. 대통령은 국민을 대변해서 그들의 문제점과 어려움을 개선하고 나라의 미래를 위해 뛰는 사람이라고 볼 수 있다. 하지만, 현재 대한민국 반려동물 문화의 관점에서 바라보게 되면 여전히 개통령은 매스컴이 만들어 내는 것으로 볼 수 있다.

필자의 경우도 반려견 훈련사로 MBC에 출연하고 대외적인 활동을 하게 되면서 유명 매스컴에서 개통령으로 만들어 주겠다는 제안을

받은 적이 있다. 그러나 그 제안을 거절한 이유는 틀에 박혀 있는 프레임에, 반려견과 교감하는 모습을 보여주기보다는 연출을 통해 프로그램을 만들어야 했기 때문이다. 행동교정이라는 것은 사람들의 편의로 만들어 낸 것이다. 묘기가 아니다. 정말 필요한 것은 훈련의 스킬이 아니라 행복하게 교감하고 이해하며 삶을 함께 살아가는 모습이다.

지금 대한민국의 가장 심각한 문제는 보여주기식 콘텐츠들이 넘쳐나고 있다는 사실이다. 올바른 개통령을 함께 만나고 고민하는 것이 아니라 매스컴이 "개통령이야"라고 하면 개통령이 되고 "이건 좋은 제품이야"라고 하면 좋은 제품이 되는 현실의 세상에 살고 있다. 우리는 얼마나 고민을 하면서 반려동물을 키우고 있는가? 수없이 질문을 던져 보았다. 그러나, 보호자들은 제대로 된 지식과 정보에 대한 고민을 많이 하지 않는다.

가상공동체에 대하여 지속적인 연구를 한 결과 대한민국의 가상공

동체에서 구성원의 신뢰와 리더의 열정이 반려동물 문화에 영향을 미치지 않는 이유를 알게 되었다. 그것은 대한민국의 온라인 커뮤니티의 10대 순위 채널들이 모두 B2C로 구성이 되어 있다는 것이다. 즉, 물건을 사고파는 것 이외에 올바른 인식이나 교육에 대하여 중요하게 여기기는 하지만 실제로 인식이 변화하기까지는 아직 가야 할 길이 먼 것을 의미한다.

기초적인 지식과 기본 소양이 반려인들에게 준비가 되어 있지 않기 때문에 쉽사리 이해하고 판단하고 의견을 내지 못한다. 잘 모르는 것에는 함부로 말하고 표현할 수 없기 때문이다.

전국의 훌륭한 수의사, 훈련사, 원장, 펫샵 대표, 켄넬 대표, 애견카페 대표, 보호자 분들을 만나면서 알게 되었다. 그들은 모두 강아지가 좋아서 살아가는 분들이었다. 세상에는 재야의 고수들이 많이 존재한다. 하지만, 여전히 그들은 세상에 나와 매스컴으로 표현하는 것을 원하지

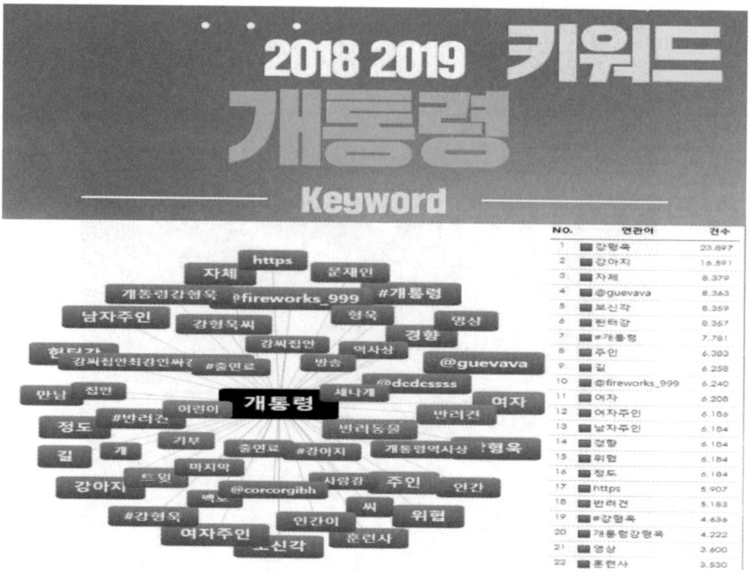

NO.	연관어	건수
1	강형욱	23,897
2	강아지	16,591
3	자체	8,379
4	@guevava	8,363
5	보신각	8,359
6	헌터강	8,357
7	#개통령	7,781
8	주인	6,383
9	길	6,258
10	@fireworks_999	6,240
11	여자	6,208
12	여자주인	6,186
13	남자주인	6,184
14	경향	6,184
15	위협	6,184
16	정도	6,184
17	https	5,907
18	반려견	5,183
19	#강형욱	4,636
20	개통령강형욱	4,222
21	영상	3,600
22	훈련사	3,530

는 않고 있었다.

2018~2019년도를 기준으로 개통령 키워드를 통해 데이터를 분석해 보았다. 분석 결과 아쉽게도, 개통령이라는 키워드와 다르게 반려인들이 선출하고 인정하는 개통령은 없는 것을 알 수 있었다. 개통령의 뜻에 부합하는, 반려인들이 선출한 대통령은 부재하고 있다.

그렇다면 왜 매스컴이 개통령이라는 인물을 쉽게 만들고, 반려동물 문화의 발전은 왜 없는 것인가? 그것은 앞서 말한 대로 대한민국 1~10위의 커뮤니티가 B2C에 집중되어 있고 올바른 판단을 하기 위한 반려인들의 기본 소양이 부재하기 때문이다. 이로 인해 문화에 대한 바른 메시지가 여전히 전달되지 못하고 있다.

우리는 한번쯤 생각해 보아야 한다. 현재 수많은 반려동물 행사와 세미나, 박람회가 있다. 하지만 반려인들이 정말 삶을 나누고 반려동물과 함께 행복한 미래를 그리려면 누군가는 어려운 길을 가야 한다. 필자는 그 사람이 바로 개통령이 되어야 된다고 생각한다.

개통령이라는 칭호와 말을 쉽게 만들어 내는 매스컴의 패턴은 결국 보호자의 삶과 보호자의 문제를 함께 고민해 주는 사람이 아니라 매스컴에서 인정하고 많이 알려지는 사람임을 의미한다. 그것이 바로 대한민국이 말하는 매스컴의 힘이 아닐까? 정말 많은 변화를 기대한다. 그리고 아주 작은 것부터라도 올바르게 바뀔 것을 기대한다.

우리는 행동교정 전문가를 개통령으로 만드는 현실에 살고 있다. 단방향으로 쏘아 대면 '그것이 맞다'라고 인정하는 반려견 문화의 콘텐츠를 접하고 있다. 중요한 것은 올바른 판단과 의사표현을 위해 우리는 학문적 이해와 지식을 공유하는 것에 대한 고민을 해야 한다. 그래야만 올바른 문화의 시각을 가지고 표현할 수 있다. 반려동물 산업과 문화의 미래는 반려동물 보호자가 만들어 간다. 미래를 고민하는 보호자라면 꼭 반려동물을 위해서 함께 뛰고 노력하는 재야의 고수들을 열심히 응원해 주셨으면 좋겠다.

2018 반려견 빅데이터는 무엇을 말하고 있나?

BIG DATA로 보는 반려견 키워드!

우리가 살아가는 세상에서 BIG DATA는 점점 많아지고 스마트폰의 대중화로 인해 사람들은 서로의 의견이나 생각들을 매우 쉽게 공유하고 있다. 그렇게 세상이 빠르게 변하고 반려견들에 대한 생각과 인식도 점점 변하고 있다. 하지만 여전히 고민이 되는 것은 IT 산업의 급성장과는 다르게 반려동물에 대한 교육의 메시지는 많이 감소되었다는 사실이다. 오늘날의 반려견의 의미는 1990년대에 느끼던 것과는 많이 다르다. 시대가 변해 감에 따라 우리 반려견에 대한 생각도 어떻게 변화가 이루어지고 있는지 한 번 생각해 볼 시점이다.

이를 위하여 반려견의 키워드로 바라본 반려인의 소리를 살펴보고자 한다. 지금의 시대는 트렌드가 빠르게 변화하고 있다. 최근 1위 키워

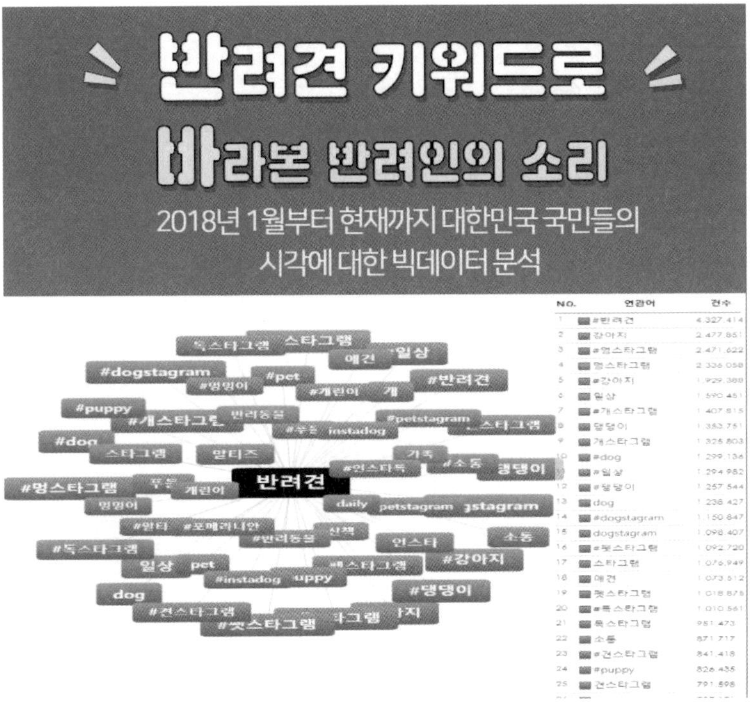

드가 '멍스타그램', 2위 '강아지', 3위가 '일상'인 것에서 볼 수 있듯이 점점 사람들은 반려동물에 대해 애완의 의미보다는 가족으로서의 의미를 찾아가고 있다.

반려견에 대한 매체별 추이를 살펴보면 다양한 채널 중에서 인스타그램이 많이 활성화되는 것을 알 수 있다. 애견의 의미로 반려동물 문화는 계속 활성화되어 가고 사람들은 애완의 의미로 반려견을 키우고 있다. 그러나, 매체나 미디어의 발전으로 사람들은 이미지와 동영상을 활발하게 사용하게 되면서 서로의 반려견에 대한 일상과 삶을 공유하기 시작했다. 또한, 여러 가지 사정으로 반려견을 키우지 못하는 사람들은 사진을 보며 대리만족을 느끼고 있다. 사진의 정보를 기여하고 활용하면서 소통하는 반려동물 문화가 점점 형성되고 있다.

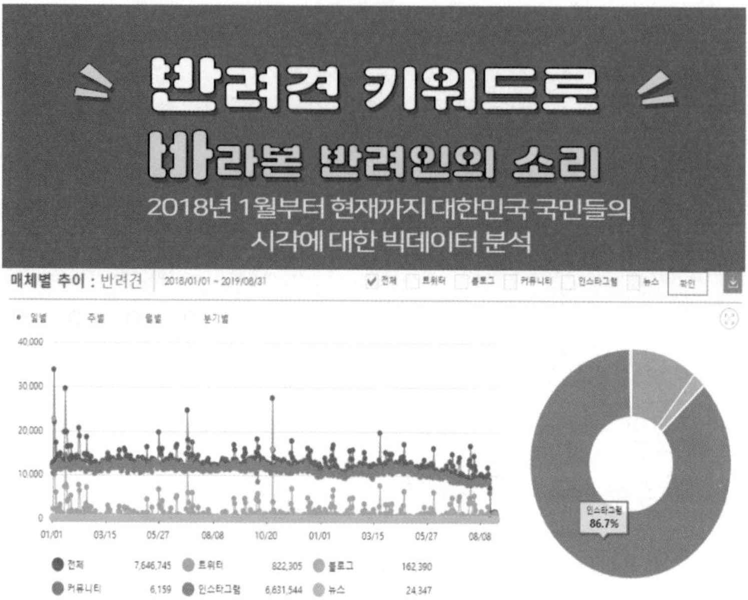

현재 반려인들은 반려견에 대해 다양한 의견과 소리를 내고 있다. 전체 4,154,297건에서 커뮤니티 3,214건, 트위터 486,744건, 블로그 81,441건, 인스타그램 3,570,103건, 뉴스 12,795건으로 많은 반려견을 사랑하는 사람들의 검색 조회가 이루어지고 있다. 이처럼 1990년대부터 2006년까지 강아지 공장의 이슈가 생기는 시점을 전후로 하여 강아지에 대한 생명 존중의 키워드인 반려동물의 의미가 점점 변화되고 있다.

세상이 변화하면서 반려견에 대한 다양한 소리와 의견들은 점점 많아지고 있다. 이처럼 소셜에서 반려인들이 소통을 하면서 지금의 과도기가 지나 반려견을 정말 가족으로 생각하는 사람들이 많이 생겨나기를 바란다. 생명의 존중을 다시 한 번 생각하는 안락사 문제와 유기동물에 대한 관심도 증가하고 있다. 반려견을 키우는 사람들은 사회적인 문제점과 개선에 대한 내용을 그들 사이에서 공유하면서 문제를 함께

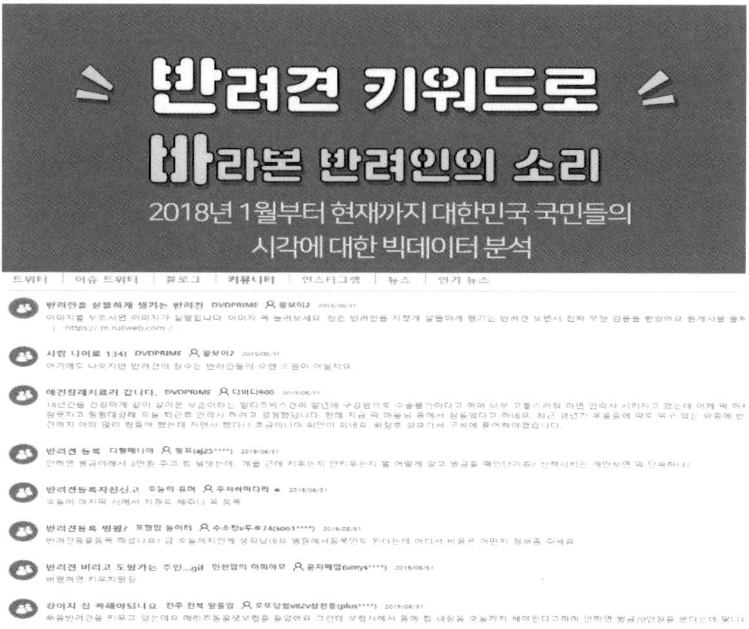

해결하고 있다. 이렇듯 시대가 변화하고 있기는 하지만 기본적인 소양과 지식적인 부분에 대하여는 고민하거나 공부하지 않기 때문에 일방적으로 전달되는 유명인들이나 전문가의 메시지에 쉽게 의사결정을 넘겨 버리고 있다. 반려동물 문화가 발전하기 위해서는 내용을 이해하고 가치를 판단할 수 있어야 한다. 또한, 경험을 통해 많은 사람들과 소통하며 삶을 나누어야 한다. 그것이 미래를 바꾸는 힘이 될 것이다.

빅데이터로 보는 반려인 교육, 무엇이 문제일까?

교육이란 강아지에게만 적용되는 것이 아니라 오히려 반려인에게 더 중요하다. 많은 사람들을 만났다. 그리고 그들과 소통을 시도하며 생각을 공유했다. 그러면서 절감했던 것은 역시나 교육이라는 단어의 의미였다.

"교육 [education, 敎育]
인간의 가치를 높이고자 하는 행위 또는 그 과정"

'敎育'이란 한자는 《맹자(孟子)》의 〈得天下英才而敎育之(천하의 영재를 모아 교육하다)〉란 글에서 비롯되었다고 한다. 글자의 구성면에서 보면 '敎'는 '매를 가지고 아이를 길들인다'는 뜻이고, '育'은 '갓 태어난 아이를 살찌게 한다'는 뜻으로 '기른다'는 의미가 된다. 영어의 'education', 독일어의 'Erziehung', 프랑스어의 'éducation'은 다같이 라틴어의 'educatio'에서 유래한 것으로 '빼낸다'는 의미와 '끌어올린다'는 의미를 가지고 있어 내부적 능력을 개발시키고 미숙한 상태를 성숙한 상태로

출처 : [네이버 지식백과] (두산백과)

만든다는 의미를 포함하고 있다.

우리는 교육이라고 하면 강아지에 대한 훈련만 떠올린다. 그리고 행동교정이라는 단어와 맵핑을 시키곤 한다. 이것이 바로 우리의 수준이며 현실이다. 행동교정이라고 하면, 어떤 문제에 대한 해결책과 솔루션이다. 잘 생각해 보자. 초등학생이 대학교 시험 문제를 풀려고 한다면 그 문제를 풀 수 있는 초등학생은 예컨대 거의 없을 것이다. 그런데, 우리 반려인들은 강아지를 나의 가족으로 키우면서 경험하는 문제들을 너무나 쉽게 생각하고 판단하려고 한다. 눈높이를 맞추는 커뮤니케이션을 해야 함에도 불구하고 우리는 자신의 논리와 생각에 맞추어 반려견들을 판단하고 가르치려고만 한다. 아주 기본적인 수준에 대한 준비도 되어 있지 않은 우리 반려인들은 너무나 쉽게 아이를 어른 취급하며 다루려고 한다.

반려동물은 생명체이다. 아이들이 IQ가 어떻게 되는지, 무엇을 좋아하는지, 학습능력은 어떻게 되는지 판단해 볼 수 있어야 한다. 하지만, IQ 70 정도도 안 되는 아이들을 마치 엄청난 영재처럼 대하려 하고 동물의 본성을 이해하지 않은 채 사람처럼 의인화하여 대하려고 한다. 반려동물은 감성이 아니다. 반려동물은 생명이며 존귀한 존재이다. 동시에 동물에게는 동물 특유의 습성과 표현이 있다. 사람과는 다르다. 그러나, 반려인들이 기본적인 소양도 갖추지 않은 상황에서 반려동물을 대하기 때문에 너무나 쉽게 감성적으로만 다가서고 의인화하려는 시도가 빈번하게 벌어지고 있다.

감성은 아름답다. 하지만, 잘못된 감성은 또 다른 사회적 문제를 일으킨다. 감성에만 치우치게 되면 하나의 단면만 보게 된다. 동전에 앞면만 있는가? 뒷면도 있다. 개는 개고 사람은 사람이다. 사람이 결코 될 수 없는 것이 현실인 것이다. 반려인 교육의 빅데이터를 살펴보자. 현재 반려인 교육에 대해서 빅데이터적으로 분석해 보면, 사람에 대한 교육에

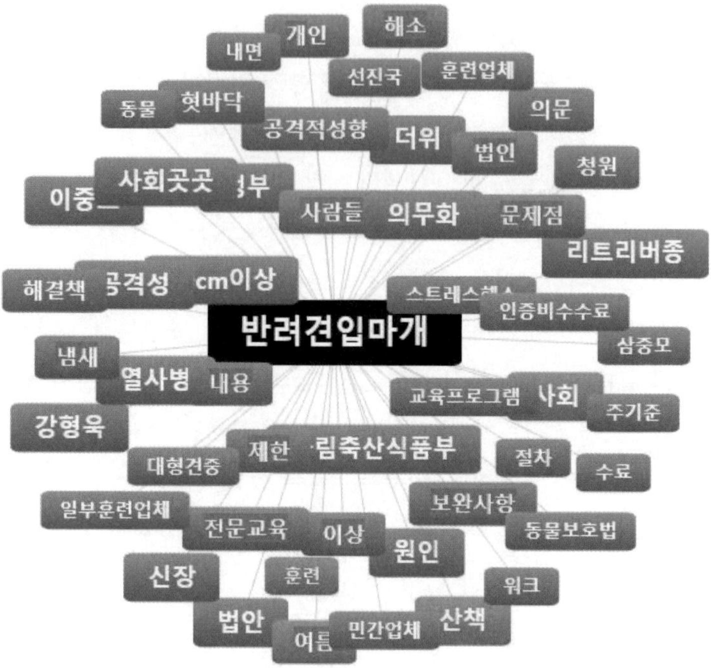

는 많이 집중되어 있지 않다는 것을 알 수 있다. 기본적인 소양이 바뀌어야 지금의 안 좋은 현실이 개선될 것이다. 작은 시도라도 반려인 교육부터 이루어져야 한다.

최근 빅데이터를 통해 '반려견 입마개'에 대해 검색해 보았다. 요즘 대세는 펫티켓이다. 그간 이 펫티켓을 누가 그렇게 지켜 왔던가? 최시원 사건 이후로 세간의 이목은 온통 펫티켓에 대해 집중되고 있다. 다양한 말들과 키워드들이 펼쳐지고 있는 것을 보면 세상이 반려견 입마개에 대해 얼마나 많은 관심을 보이고 있는지 알 수 있다. 그러나, 너무나 안타까운 것은 동전의 앞면만 보게 된다는 사실이다. 정부가 지금까지 반려동물에 대한 인식 개선과 사회적으로 갖추어야 할 반려인들에 대한

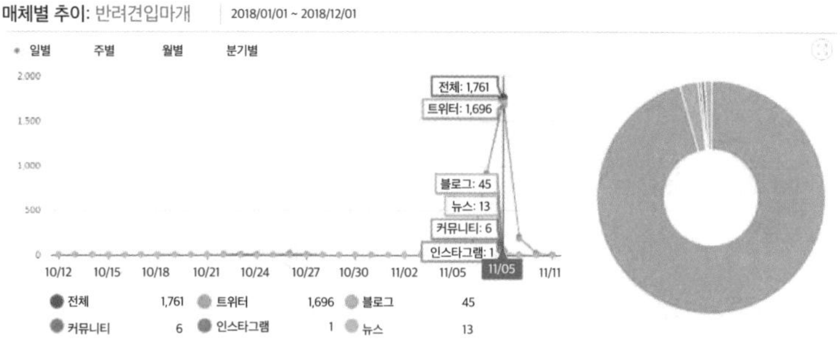

소양 개발에 얼마나 많은 노력을 했는가? 즉 관리할 사람도, 감독할 사람도 없이 방치해 왔다. 그렇게 세월이 흘러가다 이렇게 이슈가 생겼다고 반려인들에 대해 무조건 법적인 규제부터 가한다는 것은 이 사회가 아직도 얼마나 반려동물 문화에 대한 관점을 제대로 못 보고 있는지를 반증하는 것이다. 적어도 반려동물 문화를 생각한다면 정부는 아주 작은 조사라도 진행했어야 하며 국민들이 원하는 소리를 들어 본 결과를 토대로 해서 법률을 제정했어야 한다.

법은 한 번 만들어지면 싫든 좋든 누군가는 피해를 보게 된다. 전체적인 ALL-Life Cycle(전생애 주기) 관점에서 반려인들에 대한 생각을 하지 못하고 만들어진 법은 결국 모든 반려인을 피해자로 만들 수 있는 결과를 도출하게 된다. 자꾸만 한 면만 보게 되는 것 같아 지금의 현실이 너무나 안타까울 뿐이다.

앞의 데이터는 지난 2018년 최시원 사건을 토대로 하여 진행되고 있는 반려견 입마개에 대한 추이이다. 정말 엄청난 트래픽과 이슈를 몰고 다니고 있다. 반려인 중 한 사람으로서 반려견들이 이로 인해 많은 피해와 어려움을 겪고 있는 현실이 너무나 안타깝다. 동전도 앞면, 뒷면이 있듯이 양쪽 면을 보는 판단을 정부가 해 주었으면 한다.

반려인 1,000만명 시대에 우리는 반려동물에 대한 소중한 의미를

되새겨 봐야 한다. 빅데이터로 반려동물 문화와 산업을 분석하다 보면 늘 드는 생각이 있다. 그것은 우리 반려인들의 기본 소양이 너무나 부족하다는 현실이다. 그 현실이 결국 재사회하지 못한 강아지, 유기견 유기묘로 버려지는 안타까운 현실을 만들고 있다. 이 사회가 조금 더 반려동물을 배려하고 이해하기 위해 노력하는 사회가 되었으면 한다. 우리의 작은 시작이 결국 우리 소중한 반려동물을 사랑으로 지켜 낼 것이다.

미래를 이끄는 머신러닝 기반의 반려견 사료 추천 시스템은 어떤 모습일까?

최근 모바일과 인터넷과 관련하여 머신러닝 기반의 반려견 사료 추천 시스템(Machine learning-based Companion dog recommendation system)이 많은 사회적 관심을 가지고 있다. 반려인들에게 있어서 사료는 꼭 풀어야 할 숙제처럼 굉장히 밀접한 관련이 있다.

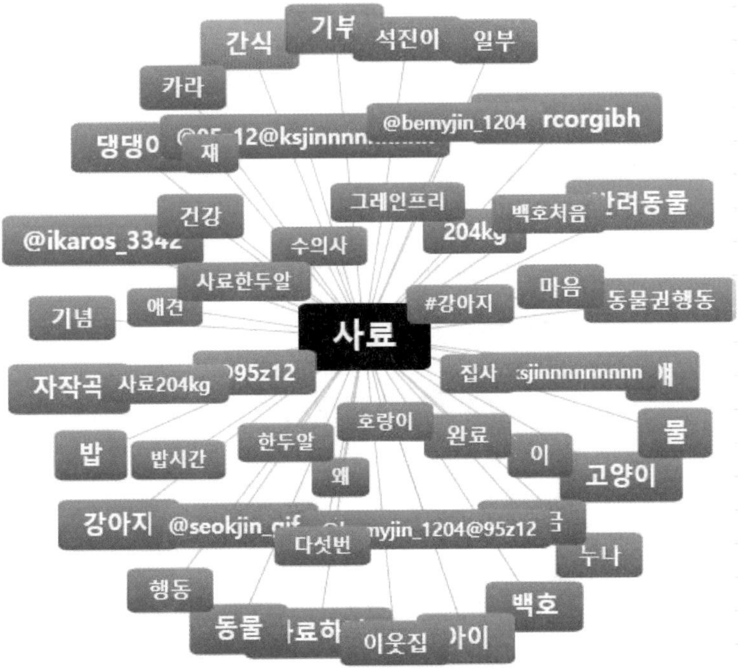

즉, '소중한 우리 반려견을 위해서 어떤 사료를 선택하는 것이 가장 좋을까?'에 대한 고민으로 시작한 반려견 사료 추천 시스템이 최근 개발되었다. 반려인 천 만 시대인 지금, 반려인 사이에서는 사료 문제가 늘 숙제이다.

현재 유명인과 전문가들의 추천으로 소중한 반려견 사료 급여에 대한 관심이 증가하고 있다. 그런 만큼 먹거리 시장 역시 성장하고 있다.

사료에 대한 관심이 많이 증가하면서 현재 마이펫푸드티처라는 앱이 반려인들 사이에 관심을 많이 받고 있다. 이 앱은 크롤링과 머신러닝, 이미지 분석 기술을 사용해 반려동물별 나이, 종, 병력, 알러지 요인 등에 따라 각각의 유효한 성분을 많이 함유한 제품을 추천해 주는 사료추

천 서비스를 제공하고 있다. 반려견에 대한 데이터 수집을 위한 사료데이터 연구를 마치고 현재 데이터 저작권, 특허 출원이 된 상태이다. 이슈가 되고 있는 마이펫푸드티처는 퍼피팝에서 개발, 데이터 수집 구조 설계, USER의 성향 파악을 하여 철저한 알고리즘을 구성해 제작되었다. 퍼피팝은 반려인의 시각에서 기획되고 구현되어 데이터가 축적되어 분석될 수 있도록 구현하였다고 밝혔다. 이토록 사료에 대한 관심이 점점 증가하고 있다. 머지않아 사료에 대한 대부분의 제품들이 반려견의 건

강과 복지에 중점을 두지 않을까 생각한다. 그런 관점에서 점점 반려동물에 대한 앱과 모바일 프로그램은 빠르게 성장하고 있으며 보호자들의 인식도 빠른 변화를 보이고 있다.

11

빅데이터로 보는 노령견과 펫로스

Companion Animal : Industry and Future

11

빅데이터로 보는 노령견과 펫로스

지난 2002년을 기점으로 하여 펫산업은 빠르게 급성장하였고 그에 따라 증가한 반려견 입양은 많은 노령견을 탄생시키고 있다. 이 장에서는 노령견과 펫로스에 대한 생각을 데이터를 통해 공유함으로써 노령견에 대한 이별과 사회적인 문제에 대한 고민을 함께 나누어 보기로 한다.

최근 반려견에 대한 관심과 사랑이 증가하면서 반려견들의 수명도 크게 늘어나고 있다. 하지만 여전히 반려견에 대한 지식적인 준비는 많이 부족한 상태다. 반려견 보호자들은 반려견에 대한 식습관, 실내 환경, 병원 진료, 훈련 등 가족으로서 필요한 요소들을 잘 챙기고 관리를 해야 하지만 기본적으로 지켜야 하는 것조차 소홀히 하는 경우가 많다. 반려견은 태어난 지 평균 5년 이상부터 건강이 노화되기 시작하게 된다. 즉,

5년에서 7년 사이의 반려견들을 노령견으로 분류하고 건강에 신경을 많이 써야 한다. 현재 노령견의 증가는 반려견들이 그만큼 각종 질환과 질병에 노출되어 있음을 의미하고 있다. 이에, 본 장에서는 반려견에 대한 노령견 현황과 펫로스에 대한 생각을 함께 고민해 보고 펫로스에 대한 방향성을 모색해 보고자 한다.

노령견 현황

최근 강사모에서 실시한 2018년 1월 1일부터 2019년 5월 18일 기준에 따르면 말티스 기준으로 반려견 수는 512마리이며, 6~8년, 9~10년의 노령견들이 많이 분포된 것을 알 수 있다. 또한 요크셔테리어, 치와와, 시츄, 치와와, 비숑, 푸들, 믹스견들은 대부분 3~5년, 6~8년 사이의 반려견들이 노령견이 되어 가고 있는 것을 알 수 있다. 그런 만큼 노령견에 대한 관심을 가지는 보호자가 늘어나고 있으며 이제는 반려견도 편안한 노후를 위해서 점점 실생활에 대한 좋은 서비스들을 필요로 하고

빅데이터로 본 노령동물 현황&펫로스

강사모

구분	반려견 수 (단위:마리)	반려견 수 (단위:마리)	2년 미만	2년~3년	3년~5년	6년~8년	9년~10년	11년 이상	전체 비율(%)
반려견 품종	말티스	512	14	17	15	23	17	4	100
	요크셔테리어	123	6	9	14	37	16	18	100
	시츄	78	18	22	32	8	12	10	100
	치와와	45	17	8	6	23	22	24	100
	비숑	69	21	12	23	18	17	11	100
	푸들	45	6	12	24	10	21	27	100
	믹스견	128	7	12	25	28	12	16	100

기간: 2018년 1월1일 ~ 2019년 5월 18일 기준 (DAUM 강사모 커뮤니티)

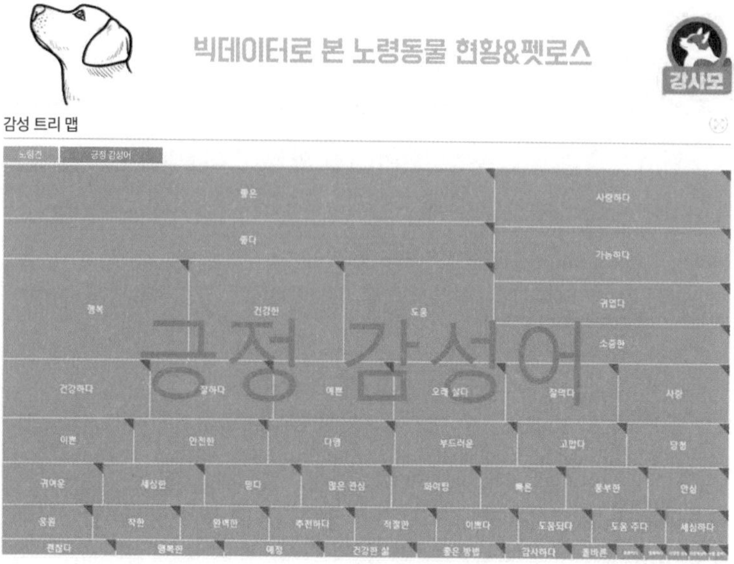

있다. 우리는 단순한 수치를 넘어서 반려견을 떠나 보낼 준비를 하고 있어야 한다. 반려견과 가장 밀접한 관계를 맺고 있는 사람들 중 가정에서 식사를 챙기며 반려견과 가장 가까이 있는 보호자는 어머니인 경우가 많다. 대부분의 어머니들은 정이 많기 때문에 반려견에 대해 많은 관심을 가지고 사소한 것도 꼼꼼하게 챙긴다. 그러나, 예상치 못한 일로 펫로스를 경험하게 되면 엄청난 충격에 휩싸이게 된다.

노령견에 대하여 긍정적인 감성어를 살펴보면 '귀엽다', '소중한', '좋다', '좋은' 등으로, 점점 많은 이들이 반려견에 대한 관심을 가지고 많이 활동하고 있는 것 같다. 보호자의 작은 인식 변화와 고민으로 반려견들이 지금보다 더 행복할 수 있다는 것을 생각해 본다. 이와 같은 관점에서 알 수 있듯이 펫로스에 대한 교육 콘텐츠의 부재함을 알 수 있다. 펫로스가 찾아오기 전에 이별을 준비하고 서로의 아픔을 지지해 줄 사람들이 형성돼 있어야 결국 이 문제를 해결할 수 있다.

그러나, 우리 사회에서는 여전히 펫로스 문제에 대해 고통을 받고 있음에도 이를 개선하기 위한 노력은 너무나 미비하다.

또한, 빅데이터로 알 수 있듯이 우리 반려동물의 생명에 대한 교육과 이해가 얼마나 중요한지 엿볼 수 있어야 한다. 아주 기본이 되는 소양이 준비되고 반려인들의 문해력과 이해도가 높아져야 반려동물에 대한 올바른 문화가 만들어질 것이다. 누군가를 위로해 주고 서로 격려해 주려면 그만큼 상대에 대한 이해도가 높아져야 한다. 앞으로 미래에 우리는 펫로스라는 숙제 앞에서 어떤 답을 낼 수 있을까? 이를 위해서는 우리 반려인들이 반려동물에 대한 이해와 최소한의 기본 소양을 갖추어야 한다. 먼 미래에는 행복한 반려동물 문화가 만들어지기를 간절히 소망해 본다.

노령견을 행복하게 키우는 꿀팁 7가지

최근 노령견에 대한 관심과 재활치료에 대한 관심이 증가하고 있다. 빅데이터에서도 '댕댕이', '독스타그램' 등의 키워드로 알 수 있듯이 애완의 의미를 넘어 반려동물의 의미로 가깝게 진입하고 있다. 그런 만큼 노령견을 잘 키우기 위한 보호자들의 스트레스는 증가하고 있으며 재활 치료 등 새로운 분야에 대한 관심도 그만큼 증가하고 있는 것이다.

우리는 반려견을 키우며 서로의 정보를 교류하는 세상에 살고 있다. 특히 노령견에 대한 정보는 사람들의 경험과 이야기들로 소통되고 있다. 그런 만큼 노령견을 잘 키우기 위한 꿀팁은 반드시 필요하다. 이에, 필자는 7가지로 노령견을 잘 키우기 위한 꿀팁을 소개하고자 한다.

1. 노령견을 위한 지식과 정보에 대한 이해도를 높여 주세요. 노령견에 대한 정보 인지 수준이 수명과 직결됩니다.

보호자 중에 노령견을 어떻게 관리하여야 하고 어떤 행동이 잘못된 행동인지를 인지하지 못하는 경우가 많다.

이는 전문가들의 강의나 지식의 수집을 통해 해결할 수 있다.

2. 공감대를 형성할 수 있는 사람들과 소통하여 마음을 나누어 보세요.

노령견은 언젠가 우리의 품을 떠나게 된다. 사랑하면 사랑할수록 더 큰 아픔이 동반된다.

사람이 강아지에게 받는 사랑은 매우 크다. 이로 인해 강아지가 우리 곁을 떠나는 펫로스를 겪게 되면 상실감이 매우 클 수 있다.

슬픔을 이해할 수 있는 사람과 함께 이야기하여 슬픔을 나누는 것이 좋다.

3. 노령견의 관절은 약해요. 미끄러지지 않도록 관리해 주세요!

반려견이 나이가 들어 노후화가 진행되면 관절이 약해진다. 미끄러운 실내 환경은 관절에 무리를 줄 수 있으므로 관절에 무리가 오지 않도록 미끄럼 방지 등의 환경을 조성해 주어야 한다.

4. 노령견의 체력을 관리해 주세요. 주기적인 산책과 운동은 필수입니다.

노령견의 체력은 보호자가 관리해야 한다. 건강을 유지하는 것은 한순간에 이루어지지 않는다. 꾸준한 관리가 필요하다.

5. 노령견의 치아를 관리해 주세요. 나이를 먹을수록 치아가 약해집니다.

치아는 일주일에 최소 2번 정도 양치질해 주어야 한다. 특히 노령견은 치주질환이 잘 걸리므로 합병증이 생기지 않도록 잘 관리해 주어야 한다.

6. 노령견 사료에 대해 꼼꼼히 분석해 주세요. 좋은 사료가 노령견의 수명에 큰 영향을 주게 됩니다.

노령견은 시간이 흐를수록 소화기능이 약해지기 때문에 노령견을 위한 고단백 사료와 필수 영양분이 함유된 사료 급여가 반드시 필요하다.

7. 노령견의 체계적인 건강검진과 예방접종을 꼭 챙겨야 합니다. 펫로스가 되기까지 행복하려면 체계적인 관리가 필요합니다.

노령견의 주치의로 함께할 수 있는 병원을 선택하여 노령견의 면역체계가 유지될 수 있도록 관리해 주어야 한다. 또한, 예방접종과 건강검진을 통해 질병을 사전에 예방하여야 한다. 적절한 관심으로 노령견과 행복한 미래를 설계하기를 바란다.

빅데이터로 보는 펫로스

지난 1년간의 데이터 중에서 펫로스에 대한 검색이 점점 증가하고 있다. 사람들이 반려견의 죽음에 많은 슬픔을 표하고 있다. 언젠가 반려견의 죽음을 맞이하게 된다면 우리는 아름다운 이별을 할 수 있을까? 그렇게 몇 번이고 되뇌며 자문해 본다. 하지만, 떠날 아이들을 생각하며 가슴이 아픈 것은 모두가 같은 부모의 마음이 아닐까 생각된다. 반려견에 대한 아름다운 이별을 준비하는 우리가 되었으면 좋겠다. 우리 보호자들은 장차 펫로스가 아름다울 수 있도록 최소한의 기본적인 소양을 갖추어야 한다. 보다 나은 미래를 위해서, 반려견을 사랑하는 만큼 지식적으로 잘 이해하는 반려인들이 되기를 바란다.

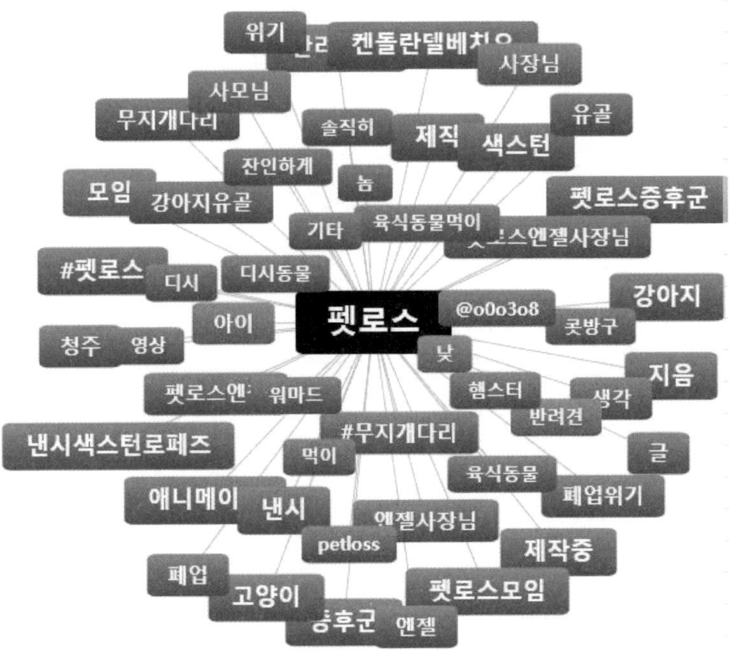

펫로스 키워드에서도 볼 수 있듯이 펫로스에 대한 증후군과 증상이 많이 생겨나고 있으며 이를 통해 사람들의 슬픔도 증가하는 것을 볼 수 있다. 사회가 점점 1인화되고 고령화됨에 따라서 반려동물을 키우는 인구가 점점 증가하고 있다. 이로 인해 이들은 반려동물이 떠났을 때 아주 심각한 슬픔을 경험하게 된다. 즉, 슬픔을 나누면 반이 되듯이 누군가의 아픔을 함께 이해해 주고 격려해 주는 모임이 필요한 것이다. 펫로스 모임은 이런 아픔과 어려움에 처한 여러 상황을 서로가 공감하고 나눔으로써 용기와 힘을 얻는 모임이다.

인터넷과 스마트폰이 아무리 활성화되어도 직접 오프라인에서 사람들과 소통하면서 행복과 슬픔을 이야기하는 것은 이론보다 훨씬 더 값진 경험과 좋은 가치를 선물하고 있다. 펫로스로 고통받고 힘들어하는 보호자들이 줄어들고, 지금보다 더 나은 반려견에 대한 가치를 표현하는 대한민국이 되기를 바란다. 또한, 지금도 펫로스로 고통받고 좌절하는 사람들이 서로를 지지할 수 있는 모임에 참여하여 보다 나은 인생의 행복한 순간들을 찾아가길 바란다.

에필로그

반려동물 문화에 대한 시각은 사람들의 선택에 따라 변할 수 있다. 지난 한두 해를 지나오면서 참 많은 생각을 했다. 강아지가 좋은, 단지 그 마음으로 많은 사람들을 만나고 인터뷰했다.

실천하지 않으면서 반려동물의 복지와 동물보호를 말하고 싶지 않았다. 덕분에 지금 무척 가난하고 힘든 삶을 살아가고 있다. 내 반려견 코코는 허리디스크에 걸렸다. 수술과 통원 치료비로 1,000만원 이상을 지출했다. 현재도 진료비 문제를 비롯하여 동물복지에 대한 문제가 계속해 발생하고 있으며 반려인들은 이를 자가부담으로 감당해 나가고 있다. 반려견은 가족이라는 마음을 실천하고 있는 것이다. 하지만 대한민국은 반려동물에 대한 의료보험 혜택이 이루어지지 않아 결국 소비자들이 유기견, 유기묘를 만들 수밖에 없는 안타까운 현실에 놓여 있다. 누군가가 변화를 위한 도전을 시작한다면 함께 공감하는 사람들이 생겨날 것이며 훗날에는 반려동물 의료보험의 미래를 이야기할 수 있을 것이다.

반려동물 문화라는 것은 특별한 것이 아니다. 단 한 글자로 표현하자면 '삶'이라고 말하고 싶다. 우리의 인식과 생각이 바뀌어야 한다. 단언컨대 이제 우리는 "반려동물은 가족이다"라는 슬로건처럼 우리의 가슴에 있는 메시지를 변화시켜야 한다. 이 메시지가 가슴으로 느껴지는 그날! 우리는 다음세대에게 올바른 반려동물 문화를 이야기할 수 있을 것이다. 언젠가는 다음세대 아이들에게 반려동물 문화는 사람들이 함께 협력해서 만들어 가는 것이라고 자신 있게 말하고 싶다. 그리고 반려동물 문화가 함께 공감하고 소통할 때 비로소 변화할 수 있다고 말해 줄 수 있는 사람이 되고 싶다. 반려동물을 사랑하고 이들의 생명을 존중하는 공간에서 다음세대 아이들과 함께하는 그 순간을 그리며, 오늘도 소중한 사람을 찾아 길을 떠나 본다.

마지막으로 우리 강아지와 고양이들, 그리고 모두 꼽을 수 없는 소중한 모든 반려동물들이 지금보다 더 나은 행복한 삶을 살아가길 간절히 바라고 기도한다. 우리의 작은 시작에서부터 언젠가는 반려동물 산업과 문화가 바뀔 것이다. 가장 중요한 것은 우리가 특별한 무엇을 행하는 것이 아니라 우리 함께 살아가는 사람들이 서로의 마음을 이해하고 배려하며 함께 공감할 수 있는 것에 길이 있다는 사실이다.

사람들의 마음에 소중한 기억이 추억이 되어 잊혀지지 않는 것처럼 우리의 삶도 다음세대 아이들에게 잊혀지지 않는 추억으로 기억될 수 있도록 우리 기성세대들이 함께 협력하여 좋은 반려동물 문화를 만들어 갔으면 한다. 이 책에서 나는 공감(sympathy)이라는 메시지를 전하고 싶었다. 단언컨대, 4차 혁명시대의 가장 중요한 변화와 성공의 중심에는 소비자가 있음을 잊지 않았으면 한다. 앞으로 다가올 반려동물 산업의 미래는 소비자들이 어떻게 생각하는지 함께 느끼면서 공감하는 기관, 단체, 기업들이 그려줄 것이다. 사람들은 특별한 것을 원하지 않는다. 그들은 서로를 아끼는 마음으로 함께 이야기를 들어주며 서로를 이해하는 공감 가득한 세상을 원하는 것이다.

누군가는 표현했기에 그 다음이 있는 것이다. 누군가는 공감했기에 변화는 시작되는 것이다. 그 누군가가 바로 우리가 되어 함께 협력하여 멋진 미래를 만들어가길 소망한다. 많은 사람들을 만났고 그들의 소리를 들으며 아픔을 알게 되었다. 책이 된 저자의 이 표현이 미력하나마 우리 다음세대 아이들과 기성세대들에게 변화의 씨앗이 되길 진심으로 바란다.

반려인과의 소통 채널
(빅데이터 자료 출처)

구분	URL	소유권
다음 강사모	http://cafe.daum.net/GOTV	강사모
네이버 New강사모	http://cafe.naver.com/pspgoing	강사모
강아지매니아	http://cafe.naver.com/maniadogs	강사모
반사모-반려동물을 사랑하는 모임	http://cafe.naver.com/wingber	강사모
강사모-강아지를 사랑하는 모임 페이지	https://www.facebook.com/kangsamopet	강사모
강사모-강아지를 사랑하는 모임	https://www.facebook.com/groups/kangsamo	강사모
반사모-반려동물을 사랑하는 모임	https://www.facebook.com/groups/puppykorea	강사모
강아지동영상	https://www.facebook.com/groups/petlive	강사모
인스타그램-최경선	https://www.instagram.com/kyungsun.choi	강사모
강사모 트위터	https://twitter.com/choi540	강사모
최경선(강사모) Facebook	https://www.facebook.com/kangsamonews	강사모
G Plus Google	G+ 멤버 1,000명 정보 전송	강사모
반려동물뉴스(CABN) 뉴스	http://www.cabn.kr	강사모

저자약력

최경선

[반려동물 산업 경력]

1995 애견센터 관리실장 역임(경북 구미)
1997 애견연맹 도그쇼 출전(JUNIOR 3석)
1998 애견연맹 도그쇼 출전(ADULT 1석)
2004 구미 K-9 홈페이지 제작 및 운영(상표 및 저작권 등록)
2005 핸들러 교본 편집
2006 전주 통합 챔피언 백산 자견(브리딩 & 핸들링)
2009 엣지 애견(펫샵 설립 및 경영) (서울 영등포)
2010 엣지 애견 1호점 사이트 운영 및 펫샵 관리(서울 영등포)
2011 엣지독 코리아(펫샵 설립 및 경영) 공동대표(목동점, 부천점)
2014~2015 애니멀매거진 마케팅 본부장
2016 한국애견연맹 3등 훈련사 자격취득
2016~2017 바이럴 인사이드㈜ 대표
2012~현재 Daum(강사모), Naver 반려동물 채널 카페지기 대표
2016~현재 반려동물뉴스(CABN) 발행인
2017~현재 펫아시아뉴스(PetAsia News) 발행인

[IT 산업 경력]

2002~2006 삼성SDS(삼성그룹 시스템 Infra 담당)/구미서비스 1팀(with Sysgate)
2006~2008 동부CNI(동부증권 시스템 Infra 담당)
2009~2011 다우기술(키움증권 시스템 Infra 담당)
2012~2015 한국 EMC(Project Manager)
2017~현재 KB국민카드 IT본부 선임차장

[강사 및 심사위원]

2014 프로젝트(PMP) 코칭강사
2015 프로젝트 경영학회 심사위원(2015 대학생 프로젝트 경진대회 심사위원)
2016 서일대학교 인터넷정보과 겸임 교수/서울경희직업전문대학 펫매니저 마케팅 겸임 교수
2017~현재 서울호서예술실용전문학교 애완 동물계열 특임 교수

[학력]

2006 국립 금오공과대학원 컴퓨터공학 석사 취득
2019 국민대학교 BIT전문대학원 경영정보학 박사 취득

[저서 및 논문]

실무에 바로 활용하는 프로젝트 관리 템플릿(노드미디어) (공저)
「빅데이터 분석을 통한 반려동물 O2O 비즈니스 플랫폼 구축」(2015)
「소비자 트렌드 분석을 통한 반려동물 O2O 비즈니스 커뮤니티 플랫폼」(2016)
「개인적 · 사회적 요인을 고려한 가상 공동체에서의 지식 공유 모형」(2019)

감수자약력

김재영 회장
한국고양이 수의사회 (KSFM)회장
강원대학교 수의과 대학 연구교수
태능고양이전문병원 대표원장

김희수 CEO
(주)엑스프라임 UX/UI 본부장
현) 펫아시아뉴스(PetAsiaNews) 편집인
현) (주)에고펫 대표이사

박준영 CEO
(주)반려견주택연구소 대표이사

윤병국 대표원장
한국수의순환기학회부회장
한국동물재활학회 이사
청담우리동물병원 대표원장

김형주 CEO
노동부장관 위촉 대한민국산업현장교수
재능대, 인하공전, 부천대, 한국폴리텍 2대학 남인천 캠퍼스 외래교수
(주)아이엔에스컴퍼니 대표이사

강병수 CEO
중앙일보 뉴스위크 한국판 사업부 팀장
럭셔리 멤버십 잡지 “라비도르” 발행인
라이프앤도그 대표이사

정종우 위원장
(사)글로벌인천 일자리위원장
인천재능대학교 특임교수
인하공업전문대학 외래교수

빅데이터로 보는

반려동물산업과 미래

초판발행 2017년 10월 13일
개정판발행 2019년 10월 25일

지은이 최경선
펴낸이 노 현

편 집 박송이
기획/마케팅 김한유
표지디자인 BEN STORY
제 작 우인도 · 고철민

펴낸곳 (주) 피와이메이트
서울특별시 금천구 가산디지털2로 53 한라시그마밸리 210호(가산동)
등록 2014.2.12. 제2015-000165호
전 화 02)733-6771
f a x 02)736-4818
e-mail pys@pybook.co.kr
homepage www.pybook.co.kr
ISBN 979-11-90151-30-6 03490

정 가 15,000원

박영스토리는 박영사와 함께하는 브랜드입니다.